AF453231

ÉTUDES

L'AMÉNAGEMENT

DES FORÊTS

Paris. — Typ. de H. S. Dondey-Dupré, rue Saint-Louis, 46.

ÉTUDES

SUR

L'AMÉNAGEMENT

DES FORÊTS

PAR

L. TASSY

Inspecteur des forêts, ancien Professeur à l'Institut agronomique
de Versailles

PARIS

AU BUREAU DES ANNALES FORESTIÈRES

21, RUE DE LA CHAUSSÉE-D'ANTIN

1858

A M. PARADE

DIRECTEUR DE L'ÉCOLE IMPÉRIALE FORESTIÈRE

Témoignage de reconnaissance et de respectueuse affection.

PRÉFACE

Tout donne lieu de croire qu'à l'époque où la civilisation romaine fut apportée dans les Gaules par Jules César, ce pays était presque entièrement couvert de bois (1).

Au temps même de Charlemagne, c'est-à-dire environ trois siècles après l'expulsion définitive des Romains, l'abondance des bois était encore telle, que l'on dut prendre des mesures sévères pour empêcher leur envahissement sur les plaines cultivées.

(1) Le mot Gaule paraît être d'invention romaine ; les gens du pays l'appelaient Celtique. Toutefois, quoique le mot *Gallia* soit latin, il vient évidemment du mot celtique *gaël*, forêt (OZANEAUX).

Parmi les forêts qui couvraient alors notre territoire, la plus remarquable par son étendue était celle
des Ardennes (la forêt profonde); elle avait plus de
cent lieues de long. Ces vastes déserts qu'on appelle
la Sologne, la Dombes, la Brenne, les Landes, les
Dunes, étaient boisés. La ville de Paris, l'ancienne
Lutèce, était entourée de forêts, dont celles de Bou-
logne, de Montmorency, de Vincennes, de Fontainebleau ne sont que les vestiges.

De ces immenses richesses, que nous reste-t-il? à
peine huit millions d'hectares, dont la plus grande
partie en taillis simples, clairières, n'offrant quelque
intérêt que pour le chauffage.

Toute la région comprise entre le Rhône, la Médi-
terranée et les Cévennes, est presque entièrement
dénudée. Il en est de même des côtes de l'Océan et
de tout le plateau central.

On ne trouve de masses d'une certaine importance
que dans le Jura, les Vosges, les Ardennes, les Pyrénées.

Quelles sont les causes de cet appauvrissement?

Quand on songe à la violence et à la durée des
guerres dont notre pays a été le théâtre pendant les

premiers siècles qui ont précédé et suivi l'ère chré-
tienne ; quand on se reporte à cette lutte effroyable
de dix années qu'eut à soutenir Jules César pour en
achever la conquête ; quand on se rappelle que si,
depuis cette conquête (60 ans avant J. C.) jusqu'à l'in-
vasion franque (406), la Gaule jouit d'une tranquillité
relative, vingt peuples divers, sortis des profondeurs
de la Germanie, se précipitèrent alors sur elle, et qu'il
y eut un désastre immense, universel ; que quarante
ans plus tard (451), de nouvelles hordes vinrent fondre
encore sur cette malheureuse contrée à la suite
d'Attila ; qu'en 711, les Arabes, à leur tour, franchis-
sant le détroit, y portèrent le fer et la flamme ; quand
on réfléchit à ces temps d'effervescence terrible, à la
puissance dévastatrice de ces masses en mouvement,
on est disposé à croire que c'est là qu'il faut chercher la cause principale du déboisement de notre
sol. On ne l'y trouverait cependant pas.

Il paraît en effet certain que peu de temps après
ces affreuses guerres qui ont rempli les premiers
siècles de notre histoire, la végétation forestière avait
reconquis une grande partie du terrain qui lui avait

été enlevé. C'est que la guerre portait alors avec elle
le remède au mal qu'elle causait; et ce remède,
triste remède d'ailleurs, se devine aisément. La
guerre, avec les fléaux qu'elle traînait à sa suite, la
peste et la famine, occasionnait d'épouvantables mor-
talités parmi les hommes et dépeuplait les campagnes.
Les terres abandonnées ne tardaient pas à être enva-
hies par les forêts.

Des ruines qui ont été découvertes dans les forêts
du Haut-Rhin, dans celles de Grand (Vosges), de Dam-
ville (Meurthe), et qui remontent à l'époque romaine,
indiquent que le sol de ces forêts était autrefois cultivé. Des ruines également romaines existent à la Pe-
tite-Houssaye dans la forêt de Brotonne, en Norman-
die, dans la forêt de Beaumont-le-Roger (Eure). Le
plateau de Linenberg, près Abrescheviller, en Lorraine,
qui était cultivé autrefois, est aujourd'hui entièrement
boisé (1). Au quinzième siècle, c'était un dicton popu-
laire en France que les guerres des Anglais y avaient
fait pousser le bois (2).

(1) MAURY, *Histoire des forêts*.
(2) *Histoire de France*, HENRI MARTIN.

Il faut donc trouver d'autres raisons que la guerre au déboisement.

C'est la civilisation, ce sont les vices qu'elle engendre, autant au moins que les besoins qu'elle crée, qui ont été les causes principales de la diminution du sol forestier.

Je n'apprendrai assurément rien à mes lecteurs lorsque je leur dirai que c'est dans les forêts que l'homme a trouvé les premiers éléments de son bien-être et les instruments de son émancipation. Les premiers peuples ont été des peuples chasseurs. C'est du produit de la chasse et des fruits sauvages qu'ils vivaient presque exclusivement, et ce sont les bois eux-mêmes qui leur fournissaient aussi et les abris grossiers dont ils se contentaient, et les armes dont ils se servaient. Plus tard, quand ils connurent l'art de domestiquer les animaux, ils devinrent pasteurs; ils franchirent le premier degré de l'échelle de la civilisation, et ce progrès eut pour conséquence immédiate et forcée le défrichement d'une certaine portion des bois au milieu desquels ils vivaient; on dut créer des pâturages. Enfin, l'agriculture fut inventée, et à partir

de ce moment, la variété et la quantité toujours crois-
santes des matières alimentaires favorisèrent l'augmentation de la population, provoquèrent de nouveaux
besoins. Les sociétés se constituèrent d'abord en tribus,
puis en corps de nation. Le sol était conquis ; il fallait
conquérir les eaux ; les forêts en fournirent encore les
moyens. Elles suffirent à toutes les exigences ; on les
attaqua de tous les côtés et par tous les motifs ; tantôt parce qu'elles étaient un obstacle à la culture des
céréales, tantôt parce qu'elles renfermaient des instruments de travail ou de transport.

Il serait bien difficile de déterminer l'effet de chacune de ces influences, et d'ailleurs cela n'est pas
nécessaire : ce que je veux établir, c'est que les besoins
de la civilisation ont puissamment contribué à la destruction des forêts ; ce que je tiens à prouver ensuite,
c'est que ces besoins ont rencontré malheureusement
d'énergiques auxiliaires dans les vices que la civilisation engendre, quand elle se laisse emporter par l'or-
gueil des conquêtes matérielles. Parmi ces vices, je
signalerai l'oubli de la solidarité humaine et l'imprévoyance qui en est la conséquence, le goût des plaisirs

sensuels, l'ardeur pour les richesses immédiatement réalisables, le mépris de celles qu'il faut attendre.

L'homme de nos jours ne se préoccupe guère ni du passé, ni de l'avenir; il ne se préoccupe que du présent; il ne cherche pas ses jouissances dans le respect des traditions, dans le bien-être de ses descendants ni même dans celui de ses contemporains; il les cherche dans la satisfaction de ses appétits égoïstes et matériels. De là son dédain pour les biens dont il ne peut pas immédiatement disposer; toutes ses aspirations étant concentrées dans l'amour de soi-même, on s'explique qu'il ne fasse aucun cas de ce qui est contingent, et qu'il n'attache d'importance qu'au moment actuel.

La conservation des forêts est inconciliable avec une pareille manière d'être. Sans prévoyance, sans foi dans l'avenir, sans le sentiment de la solidarité humaine, sans l'intelligence des devoirs réciproques que les générations ont à accomplir, il n'y a pas de garantie sérieuse pour cette conservation. Le profit que la destruction d'un bois pourra procurer immédiatement, quelque faible qu'il soit, prévaudra toujours sur les avantages lointains, quelque considérables qu'on les suppose, que son maintien présenterait.

Cependant, c'est l'ignorance trop généralement répandue dans laquelle on est, en France surtout, relativement à ces avantages, qui donne. — j'aime à le supposer,— aux causes de destruction que je viens d'énumérer, une force particulière, et je ne désespère pas assez de mon pays, pour croire que s'il était bien pénétré des dangers auxquels il expose son avenir par l'anéantissement de ses forêts, il continuerait à les braver avec tant d'insouciance.

La vie des hommes est attachée à celle des arbres, on l'oublie trop. Parmi les nations civilisées et rivales, la France est déjà une de celles qui possèdent le moins de bois. C'est un motif d'infériorité plus grave qu'on ne le pense. La Provence se dépeuple, parce que les forêts disparaissent (1). Nous payons un tribut annuel de plus de soixante-dix millions de francs à l'étranger pour combler le déficit de notre production. Nous

(1) *La Provence au point de vue des bois, des torrents,* CHARLES DE RIBBE.

possédons une magnifique flotte; mais une bataille navale malheureuse peut nous l'enlever, et nous la remplacerions difficilement. La situation mérite qu'on y prenne garde et qu'on s'occupe d'y remédier (1).

Quand on lit l'histoire des anciens; quand on étudie leur caractère, on les voit tout pleins d'un respect religieux pour les bois. Cette histoire est remplie de traits qui montrent qu'une superstition tutélaire s'attachait autrefois à l'existence des arbres; ils étaient placés sous la protection spéciale de la Divinité. Nos mœurs sont bien éloignées de celles de nos pères; notre raison impitoyable a voulu sonder tous les mystères; elle a fait tomber tous les prestiges, et pour ce qui concerne les bois, leur conservation serait tout à fait compromise si elle ne reposait que sur la vénération dont ils sont l'objet. On peut dire même que, de toutes les propriétés, c'est la moins respectée. Puisqu'il en est ainsi; puisque le positivisme de notre époque a renversé les barrières que le sentiment religieux opposait jadis à l'esprit de

____

(1) Je sais bien que l'administration forestière fait dans ce but les plus louables efforts; malheureusement, son action est très-limitée.

destruction ; c'est dans l'intérêt des populations qu'on doit chercher une sauvegarde qui remplace celle qui n'existe plus. Il faut faire comprendre les avantages économiques inhérents à la propriété boisée ; il faut surtout enseigner les moyens d'en tirer tous les fruits désirables.

Pour les personnes étrangères à la sylviculture, la forêt vierge représente le type du beau en matière de richesse forestière : c'est l'expression la plus haute des ressources que peut fournir une masse d'arbres.

Il y a dans cette opinion une erreur grossière.

Les forêts, comme les autres biens que la Providence a répandus sur notre globe, ont besoin des soins de l'homme pour développer toute leur puissance productive : là comme ailleurs, la terre n'est féconde que pour celui qui la cultive. Le tout est de la bien cultiver, et il est en conséquence désirable qu'on en vulgarise l'art autant que possible.

C'est, pour mon compte, ce que je viens essayer de faire. J'ai eu à remplir des attributions qui m'ont forcé d'étudier avec une attention particulière une partie de la science forestière sur laquelle il n'existe en France qu'un très-petit nombre d'écrits. Je veux parler de l'aménagement. J'ai pensé que mon devoir était de publier le résultat de mes travaux. On n'y trouvera pas beaucoup de nouveautés. La plupart des idées exposées dans ce volume sont connues ; mais il en est peu qui aient été imprimées. Je les ai recueillies ; je les ai groupées aussi méthodiquement que j'ai pu : voilà mon seul mérite. Parmi les agents, et ils sont nombreux, qui auraient le droit de revendiquer comme leur appartenant plusieurs des principes et des considérations que je vais développer, je dois en citer pourtant deux :

M. Parade, directeur de l'École impériale forestière ;

M. de Buffévent, ancien conservateur des forêts.

Ces deux hommes éminents qui ont bien voulu m'honorer de leur amitié, m'ont fourni beaucoup de notions, beaucoup de matériaux, soit par leurs ouvrages, soit par leurs entretiens.

Une dernière observation : Je prie que l'on fasse attention au titre de ce volume : *Études sur l'aménagement.* Je ne prétends pas publier un traité. Il y a à l'École de Nancy un professeur fort distingué,

**

M. Nanquette, à qui je laisse ce soin, soin dont il
s'occupe, mais qui demande beaucoup de temps, et
dont il s'acquittera mieux que je n'aurais pu le faire.
Je publie de simples études, un essai, un programme,
ni plus ni moins; par conséquent quelque chose d'in-
complet et de discutable. Qu'on veuille bien seulement me discuter, et je n'aurai pas perdu mon
temps.

L. T.

INTRODUCTION

L'aménagement est un travail qui consiste à régler l'exploitation d'une forêt, de façon qu'elle fournisse un rapport annuel aussi soutenu et aussi avantageux que possible.

L'homme a des besoins incessants, dont les principaux, ceux qui intéressent son existence matérielle, réclament impérieusement une satisfaction immédiate. Pour y subvenir, il lui faut des objets de consommation constamment disponibles; de là, sa tendance à obtenir des

agents de production qui sont à sa portée, une
continuité de rendement qui soit en harmonie
avec les nécessités de sa vie.

Cette tendance est surtout manifeste dans les
sociétés primitives : on y vit, au jour le jour,
du produit de la pêche, de la chasse, etc., etc.
Au milieu des ressources qui l'environnent,
l'homme n'y apprécie guère que celles-là,
parce que ce sont presque les seules dont
l'exploitation puisse se concilier avec le renou-
vellement journalier de ses besoins. Le sol dé-
friché et ensemencé, lui fournirait sans doute,
au bout de l'an, dix fois plus de matière ali-
mentaire que ne lui en procurent la chasse et
la pêche. Peu lui importe; il ne saurait rester
un an sans manger. Mais quand, à force de
privations et de persévérance, il est parvenu à
réaliser quelques économies sur les menus
profits de son travail, et qu'il s'est mis de cette
façon à même de soutenir son existence pendant le temps nécessaire à la culture du sol;
alors il a fait un grand pas dans la voie du

progrès matériel. A partir de ce moment, il lui est permis d'utiliser d'autres sources de production, et de concilier avec des besoins qui se renouvellent, pour ainsi dire, à chaque instant, des cultures dont les produits ne sont réalisables que périodiquement, à des intervalles plus ou moins longs.

L'épargne, c'est-à-dire la mise en réserve d'une certaine quantité de produits, qui permettent d'attendre, voilà donc le moyen nécessaire auquel les hommes ont dû recourir pour approprier à la satisfaction de leurs besoins, les productions à long terme; voilà le progrès qui explique la valeur que l'on attribue, dans les sociétés civilisées, à des agents de production, à des capitaux dont les produits ne seront disponibles que dans un avenir souvent fort éloigné. Toutefois, ce progrès n'est pas susceptible de déplacer le pivot autour duquel gravite la production, ni de modifier la condition qui sert de régulateur à cette dernière, qui la dirige après l'avoir provoquée. Les besoins de l'homme n'en restent pas moins incessants, et, par une conséquence forcée, les productions réglées de la manière la plus avantageuse à ses intérêts, sont celles dont le rendement est le moins intermittent.

L'épargne, lorsqu'elle est sous la forme d'objets de consommation, offre, d'ailleurs, deux inconvénients graves :

D'abord, elle ne se conserve pas longtemps.

Le froment, par exemple, ne tarde pas à se détériorer dans un grenier. Le bois subit le même sort, quand il est exploité depuis un certain nombre d'années. Une récolte de blé ou de bois qui n'aurait lieu que tous les vingt ans, ne vaudrait donc pas, en supposant qu'elle fût vingt fois plus considérable, celle qu'on pourrait faire chaque année.

L'autre inconvénient des produits accumulés par l'épargne, c'est de solliciter l'imprévoyance, le gaspillage, et d'entraîner, pour le moins, une consommation excessive.

Les raisons précédentes sont suffisantes pour

justifier la transformation des capitaux productifs d'un revenu périodique, en capitaux
productifs d'un revenu annuel, et si le consommateur est grandement intéressé à cette
transformation, le producteur n'est pas appelé
à en retirer de moindres avantages.

C'est un fait bien connu et bien incontestable que les branches d'industrie le plus favo-
rablement placées, au point de vue des bénéfices qu'elles offrent à ceux qui les exploitent,
sont celles qui peuvent le plus facilement se
plier aux fluctuations de la demande; or, entre
deux forêts dont l'une, aménagée, serait susceptible d'un rapport annuel et soutenu, tandis
que l'autre, non aménagée, ne serait exploitable qu'à des intervalles relativement fort
longs, il est évident que c'est la première dont
la production se subordonnera, le plus aisément, à ces convenances dont je viens de
parler, à ces mouvements de hausse ou de
baisse dans la demande du consommateur. Ce
qu'il faut, en effet, pour cela, c'est une dispo-

nibilité constante de produits exploitables ou sur le point de l'être. L'aménagement peut seul la fournir.

Au reste, ce budget annuel des dépenses et des recettes, qui est entré dans les habitudes de tous les hommes, prouve surabondamment les avantages de l'annualité, quel que soit le revenu que l'on considère. A l'expiration de l'année, chacun, l'individu comme la commune, comme l'État, chacun arrête ses dépenses, opère ses rentrées, et il en résulte que de toutes les rentrées, celles-là sont naturellement le plus désirables, qui correspondent à l'époque de ce bilan, sans lequel les règles de l'économie privée ou collective seraient fort difficiles à appliquer.

Le consommateur et le producteur sont donc tous les deux d'accord pour que les forêts soient exploitées sous la condition d'un rapport annuel et soutenu; cependant ils sont bien loin de comprendre la réalisation de ce rapport de la même manière, et la divergence de leurs sentiments, sur ce point, est importante à noter.

Le consommateur ne demande qu'une chose : c'est que l'exploitation de toutes les forêts qui fournissent à ses besoins, soit combinée de telle sorte que, chaque année, elle lui offre les mêmes ressources. Il ne se soucie pas le moins du monde du règlement auquel chacune de ces forêts, considérée séparément, pourrait être assujettie. Si l'on suppose qu'elles soient au nombre de 50, qu'elles appartiennent à des propriétaires différents, et qu'elles soient exploitables à 50 ans, le consommateur admettra volontiers qu'aucune d'elles ne soit aménagée, si d'ailleurs il y a, dans leurs âges, une gradation qui empêche que l'exploitation de l'une ne coïncide avec celle de l'autre. Le rapport soutenu n'en existera pas moins, pour l'ensemble de ces forêts, et c'est là tout ce que le consommateur réclame.

Le producteur n'envisage pas ainsi les choses ; ce qu'il veut, c'est que le rapport soutenu soit établi dans la forêt dont il est propriétaire ; ce

que font ses voisins ne le touche que très-in-
directement.

Le consommateur désire des produits soutenus, non-seulement en matière, mais en marchandises de telle ou telle espèce.

Le producteur ne recherche, en général, que
le rendement en argent, quand ce producteur
est dans la catégorie des particuliers. S'il s'a-
gissait d'un État, d'une communauté quelconque, il en serait autrement, parce que leurs
intérêts s'identifient plus complétement que
ceux des particuliers avec les intérêts du consommateur.

Ces différences sont essentielles et sou-
lèvent des questions sur lesquelles il y aurait
certainement encore beaucoup à dire ; mais
les développements dans lesquels je pourrais
entrer à ce sujet, seraient sans utilité aujour-
d'hui. Je me bornerai à ajouter aux principes
qui découlent des considérations précédentes,
que si l'établissement du rapport soutenu est
une condition que les propriétaires de bois

doivent, ordinairement, chercher à réaliser, il y a cependant, pour les particuliers, des cas où il ne leur convient pas de le faire. La petite étendue d'un bois peut être une raison pour qu'on ne l'exploite pas en plusieurs coupes successives, parce que ces coupes occasionneraient des frais généraux, plus considérables que ceux qu'entraînerait l'exploitation en une seule fois, et ne seraient pas suffisamment compensés par les avantages de l'annualité.

En outre, les propriétaires sont quelquefois conduits, par des motifs d'économie domestique, à considérer un bois comme une caisse d'épargne, dans laquelle ils désirent accumuler, pour une certaine époque, pour le mariage d'une fille, pour l'établissement d'un garçon, etc., etc., des valeurs plus ou moins importantes. C'est encore une raison pour que ce bois ne soit pas aménagé.

Un propriétaire peut, enfin, être sollicité par une hausse extraordinaire du prix des bois,

ou par la nécessité de faire face à des engage-
ments, à réaliser la superficie entière ou
presque entière de la forêt qui lui appartient.

Ce sont là des exceptions; elles ne sont jamais,
sauf la première, admissibles pour l'État, pour
une commune ou un établissement public,
pour les corps impérissables, enfin, dont le
devoir est de distribuer, aussi également que
possible, aux générations successives dans
lesquelles ils sont destinés à se perpétuer, les
fruits et les richesses dont ils disposent.

Mais la régularisation du rendement annuel
est surtout obligatoire pour les forêts de
l'État; car leurs produits forment le pain quo-
tidien d'une multitude d'industries et ne peuvent varier, sans qu'il en résulte de grandes
perturbations et d'incalculables souffrances.

En présence des fluctuations auxquelles ce
rendement est resté soumis jusqu'à ce jour, il
n'y a pas d'usine employant le bois comme
principal combustible, dont il soit possible d'ap-

précier d'une manière exacte les conditions de roulement, et une des causes principales de la situation précaire dans laquelle se trouve la métallurgie au bois et des plaintes ardentes dont elle ne cesse d'assiéger l'administration, réside dans l'inconstance des produits que celle-ci met en vente chaque année.

Les particuliers propriétaires de bois ne sont pas moins intéressés que les consommateurs, à ce qu'il soit mis un terme à cet état de choses. Aujourd'hui, l'administration peut à son gré faire la baisse ou la hausse par la quantité de bois plus ou moins considérable qu'elle jette sur le marché. Tant que cette quantité ne sera pas réglée, et elle ne le sera que par l'aménagement, les particuliers seront exposés au danger permanent d'une concurrence susceptible d'avilir, à un moment inattendu, le prix de leurs coupes. Ce danger entrave leurs opérations et déprécie leurs immeubles.

L'aménagement répond, on le voit, à l'une des exigences les plus légitimes des sociétés civilisées, quand il a pour but d'*annualiser* et de régulariser la production du sol forestier.

Mais ce résultat n'est pas le seul qu'il soit propre à procurer.

Depuis l'époque où une forêt est susceptible de se régénérer naturellement, soit par les semences, soit par les souches, elle peut donner autant de rapports soutenus différents qu'il y a d'années à courir jusqu'au moment de son dépérissement. Il suffit, en effet, pour assurer la perennité de sa production, de n'en extraire chaque année qu'une quantité de bois égale à son accroissement moyen ; or, parmi ces rapports soutenus, il y en a nécessairement un qui est préférable à tous les autres. C'est celui dont l'expression, soit par contenance, soit par volume, forme ce qu'on appelle la *possibilité* d'une forêt. L'aménagement a pour résultat de le déterminer, et ce résultat n'est pas moins recommandable que le précédent.

Je viens de justifier le but de l'aménagement,

je vais indiquer succinctement quelles sont les opérations à faire pour l'atteindre :

Quand on veut retirer d'une masse de bois un produit annuel constant et non interrompu, il faut la partager en un certain nombre de coupes annuellement et successivement exploitables, de manière que le repeuplement de l'une quelconque de ces coupes puisse devenir exploitable à son tour, dans le temps nécessaire pour régénérer les autres.

Ce partage d'une forêt en coupes; la fixation de l'ordre dans lequel lesdites coupes devront être exploitées, forment ce qu'on appelle le *plan d'exploitation*. Le temps à courir afin qu'une coupe revienne une deuxième fois en tour d'exploitation, est ce qu'on nomme *la révolution*.

L'établissement du *plan d'exploitation* est l'opération essentielle de l'aménagement.

Cet établissement est subordonné à la nature des produits que l'on recherche, et à l'âge auquel il convient d'abattre les arbres pour qu'ils soient réalisés. Si l'on destine une forêt à la production des cercles, on devra certainement l'exploiter à un âge beaucoup moins avancé, dans une révolution beaucoup plus courte, que si on la destine à la production de bois propre aux constructions.

L'âge qui correspond au rapport le plus avantageux, et le plus avantageux est celui qui convient le mieux au propriétaire, est ce qu'on appelle *l'âge d'exploitabilité*.

La détermination de cet *âge d'exploitabilité* précède donc nécessairement la formation du plan d'exploitation.

Mais l'âge d'exploitabilité d'une forêt est très-variable, suivant la position du propriétaire, ses besoins, les conditions tant naturelles qu'é-conomiques dans lesquelles est placée la forêt, et ces conditions; il est indispensable de les connaître.

La reconnaissance de la forêt, sa description, l'inventaire de toutes les circonstances qui pourraient exercer une influence sur sa conservation et son rendement, sont donc les objets dont on doit s'occuper avant tout autre, lorsqu'on entreprend un aménagement.

La réunion des divers renseignements que ces objets comportent, constitue l'opération connue sous le nom de *statistique*.

La statistique,

La recherche de l'âge d'exploitabilité,

La formation du plan d'exploitation,

Telles sont, en définitive, les opérations principales qu'exige un travail d'aménagement.

Il convient en outre d'y ajouter l'étude et la proposition de tous les travaux d'amélioration qui seraient propres à augmenter le rendement.

L'aménagement est un travail très-simple, en général, pour les bois de particuliers, difficile, quelquefois, pour ceux des communes, toujours très-compliqué pour les forêts de l'État.

Dans toute société arrivée à un certain degré

de civilisation, il s'est établi un mouvement commercial et industriel contre lequel un particulier ne saurait réagir; il est forcé de s'y soumettre quand il aménage ses bois. Qu'il s'agisse, par exemple, de l'écoulement à donner à leurs produits, cet écoulement est déterminé par des débouchés, par des voies qui existent déjà en vertu d'une foule de causes plus ou moins fondées, plus ou moins légitimes, mais dont il faut bien qu'il accepte les conséquences. Il y a là une première raison, raison capitale, pour que l'aménagement des bois de particuliers soit en général un travail facile à faire; il l'est en outre, parce que ces bois sont tous assujettis à de courtes révolutions et à une méthode de culture d'une application commode.

L'aménagement des bois des communes est plus embarrassant : une commune n'est pas dépourvue de toute influence sur les conditions générales dans lesquelles se meut la société dont elle fait partie; elle peut, dans une certaine mesure, réagir sur elles. D'ailleurs, ce n'est pas

seulement par le produit net qu'elle se laisse
guider, comme le font en général les particuliers, lorsqu'elle règle l'exploitation de ses bois ;
elle consulte aussi l'avantage d'un produit brut
plus élevé ; elle embrasse enfin plusieurs générations et doit songer à l'intérêt de l'avenir
comme à celui du présent.

Ce sont tout autant de considérations qui
augmentent l'importance et les difficultés de
l'aménagement des bois communaux. Ajoutons
que le domaine forestier d'une commune occupant ordinairement plus d'étendue que celui
d'un particulier, est par cela même, moins aisé
à mettre en ordre dans un but déterminé ; que
les révolutions auxquelles le premier est soumis, sont plus longues ; que le mode d'exploitation auquel il est assujetti, est plus exigeant.

Quant aux forêts domaniales, ce qui en complique l'aménagement, ce n'est pas seulement
le nombre et la variété des intérêts qu'il doit
concilier, c'est encore et principalement la possibilité de modifier les conditions économiques

générales dans lesquelles il est appelé à fonctionner.

Les routes par lesquelles se sont exportés jusqu'à ce jour, les produits de la forêt F, ne conduisent qu'à des centres de populations agricoles. S'il n'y avait pas moyen de créer d'autres débouchés à cette forêt, il serait sans objet d'y favoriser la production de bois de fortes dimensions; mais on pourrait facilement la rattacher par un canal à un chantier de constructions navales; cette possibilité méritera d'entrer dans les considérations qui serviront à régler son aménagement.

Je m'en tiens à cet exemple; il n'est pas nécessaire d'en donner d'autres pour prouver que lorsque l'État aménage ses forêts, il est tenu de se préoccuper des modifications qu'il conviendrait d'apporter, dans l'intérêt de leur exploitation, au milieu qui les entoure, et que ce devoir comporte des appréciations d'un ordre élevé, très-complexes, très-délicates.

D'après les définitions que j'ai données de l'aménagement, du but qu'il poursuit et des opérations qu'il nécessite, il est facile de voir qu'il y a entre cette science et la culture proprement dite, des différences bien tranchées; que la culture puise tous les principes qui la constituent dans les faits naturels, qu'elle se borne à classer d'une manière rationnelle; tandis que l'aménagement traite des moyens d'approprier ces faits aux usages de la société; que la première est une science d'observations, tandis que la seconde est une science de combinaisons.

La théorie occupe donc une place plus grande dans l'aménagement que dans la culture, et je crains que ce ne soit pour beaucoup de gens un titre de défaveur. Qu'on me permette à ce sujet quelques courtes réflexions.

On affecte aujourd'hui de poursuivre comme inutiles, stériles et même dangereuses, les théories scientifiques. C'est encore un effet de la tendance matérialiste de notre époque. A en

croire certaines personnes, il n'y aurait de sérieux, de réel, d'utile, que la pratique. A les
entendre, le dernier des gâcheurs de plâtre, des
tailleurs de pierre, des cantonniers ou des
bûcherons, en saurait plus pour la construction
des maisons, l'entretien des routes, l'amélioration et l'exploitation des bois, que les hommes
qui avant de se livrer à la pratique des arts, en
ont étudié la théorie.

Ce sont là des énormités qui ne supportent
pas l'examen.

S'il est vrai que la théorie soit la raison des
choses, l'explication des phénomènes de la
nature et l'énoncé des règles, des méthodes
à suivre pour faire servir ces phénomènes à la
satisfaction des besoins de l'humanité; s'il est
vrai que la pratique ne soit au contraire que
l'application de ces règles, de ces méthodes;
n'y a-t-il pas, je le demande, entre la théorie et
la pratique, une union nécessaire, qu'il serait
tout aussi difficile de rompre que de séparer la
main qui agit de l'esprit qui la dirige?

Maintenant, je le reconnais, il ne suffit pas de savoir comment une opération doit se faire, pour être capable de l'exécuter. Les travaux matériels demandent une aptitude, un tact, une adresse, un tour de main dont on ne saurait contester l'utilité, et qui ne s'acquièrent que par l'expérience ; mais toujours est-il que cette expérience se formerait plus difficilement, plus lentement, si elle n'était guidée que par l'instinct au lieu de l'être par le raisonnement.

Il est vrai que la théorie ne pose guère que des principes généraux ; qu'elle n'a pas de règles de conduite pour toutes les exceptions, toutes les anomalies ; qu'elle ne dispense personne de faire usage de son esprit d'initiative, de sa raison, de ses observations personnelles ; mais toujours est-il qu'en enseignant les lois générales qui régissent les divers ordres de faits, elle rend plus sûre la résolution des cas particuliers qu'elle ne saurait prévoir ; car il n'y a pas de cas, quelque particulier qu'on le suppose, qui soit sans aucun rapport, sans aucun lien, sans aucune analogie avec une circonstance typique.

Abandonnez la sylviculture aux simples res-sources de la pratique, et vous la réduisez, comme l'ont dit MM. Lorentz et Parade dans l'introduction de leur *Cours de culture*, à une routine incertaine et obscure. Il ne saurait en être autrement dans un ordre de choses, où les faits mettent plus de temps à se produire que l'homme n'en met à accomplir sa destinée.

Concluons donc que si la pratique doit être con-sidérée, en économie forestière surtout, comme un élément indispensable de succès, elle ne saurait cependant aboutir qu'à de médiocres résultats si elle n'était éclairée par la théorie.

Concluons qu'en sylviculture comme en toute autre matière, sans le secours de la théorie, le niveau des connaissances humaines ne pourrait jamais s'élever; puisque c'est à elle qu'il appar-tient d'étudier les phénomènes, de les grouper, d'en constater les lois, et de faire profiter ainsi une génération de l'expérience de celles qui l'ont précédée.

PREMIÈRE ÉTUDE

PREMIÈRE ÉTUDE

DE LA STATISTIQUE

CHAPITRE PREMIER

De la statistique en général, et des études qu'elle comporte au point de vue de l'aménagement.

La statistique est, à un point de vue général, l'inventaire, dans un ordre méthodique, de tous les faits qui intéressent les besoins de la société et le développement de ses richesses.

Elle n'est pas seulement utile : elle est indispensable au progrès de la civilisation.

Vous êtes à la tête du gouvernement; vous voulez doter votre pays d'un réseau de voies de communication ; pour tracer ce réseau de la manière la plus convenable, il faut connaître les exigences de la consommation. Ces exigences, la statistique vous permettra d'en apprécier l'étendue.

Tous les travaux de l'homme, petits ou grands,

toutes ses spéculations, quelle qu'en soit l'importance, s'appuyent nécessairement sur la statistique.

L'industrie forestière n'est point affranchie de cette obligation. Elle y est même astreinte plus étroitement que toute autre, sous peine de manquer le but qu'elle doit se proposer d'atteindre. Je vais en citer quelques preuves :

L'administration dispose d'une certaine somme pour des améliorations, pour des travaux de route, par exemple. En réunissant les demandes de crédit, faites à ce sujet par les conservateurs, on arrive à un chiffre de dépense qui dépasse considérablement les ressources disponibles. Il est donc nécessaire de rejeter quelques-unes de ces demandes, de n'en accueillir d'autres qu'en partie, d'aller enfin au plus pressé. L'administration serait dans l'impossibilité, de procéder avec discernement à cette délicate besogne, si elle n'était éclairée sur les localités où la construction des voies de vidange est la plus urgente ; mais en jetant les yeux sur les données de la statistique, elle voit que dans telle localité, le coût du transport s'élève à la moitié du prix vénal des bois ; que dans telle autre, au contraire, il ne s'élève qu'au tiers. C'est par conséquent dans la première qu'il est pressant d'améliorer ou de créer des chemins, et c'est là qu'elle porte ses moyens d'action. Le manque de renseignements statistiques l'exposerait évidemment à dépenser ses ressources pécuniaires dans les régions qui en auraient le moins grand besoin.

Depuis cinq ou six ans, on donne chaque année à
l'administration 7 à 800,000 francs pour être affectés à
des repeuplements artificiels. C'est une forte somme
qui, bien employée, doit amener de magnifiques résultats; mais il ne faut pas croire que pour l'utiliser,
il suffise d'acheter des graines quelconques, et de les
jeter au hasard dans les premiers vides qui se présenteront. Suivant la position qu'elles occupent, les forêts
réclament des essences particulières. Si elles sont
situées, par exemple, non loin des fleuves qui abou-
tissent dans le voisinage de nos arsenaux maritimes, il
est désirable qu'on y propage les espèces propres aux
constructions navales; si elles sont situées près des
routes qui conduisent à de grands centres de population, il convient d'y élever des arbres propres à la
menuiserie, à l'ébénisterie, aux constructions ci-
viles, etc., etc.; enfin, il est nécessaire, avant tout, que
les essences soient appropriées au climat et au sol.
Dans ce cas-ci comme dans le précédent, la statistique
est un guide indispensable pour ne pas se fourvoyer.

Il résulte de ces considérations préliminaires qu'une
statistique générale, embrassant tous les éléments qui
se rattachent au développement et à l'emploi des richesses forestières de la société, est un répertoire essentiel à défaut duquel la gestion de ces richesses ne
saurait être réglée d'une manière rationnelle.

Il est à remarquer d'ailleurs qu'une forêt ne forme
pas un objet qu'il soit permis de considérer isolément;
qu'elle est solidaire de toutes celles qui se trouvent

dans le même pays, ou qui sont destinées à alimenter les mêmes centres de consommation ; que lorsqu'on aménage une forêt des Vosges, il y a lieu de se préoccuper des conséquences de cet aménagement pour les forêts de la Lorraine, et *vice versâ*.

En résumé, l'exploitation des forêts est subordonnée à des conditions générales d'économie agricole, industrielle et commerciale, que les aménagistes doivent connaître, et ces conditions, il appartient à la statistique de les définir.

Mais quand on a réuni, et je suppose qu'on puisse le faire en France, les notions générales et fondamentales dont je viens de parler, il reste à mettre l'exploitation de chaque forêt, prise à part, envisagée séparément, en harmonie avec les circonstances spéciales, naturelles ou économiques, au milieu desquelles elle se trouve placée, qui la touchent directement, et c'est par rapport à ces circonstances spéciales, que j'entends le mot placé en tête de ce chapitre et que je vais essayer d'indiquer toutes les études qu'il comporte.

Les auteurs qui ont traité de l'aménagement des forêts ont signalé les différents points sur lesquels il convient de porter son attention pour que l'on puisse apprécier, en connaissance de cause, les améliorations et les réformes dont le traitement d'une forêt est susceptible. Ces points sont au nombre de trente et un dans l'ouvrage de M. de Salomon, ancien directeur de l'école forestière de Nancy. Les voici dans l'ordre que cet auteur a suivi :

1° Nom du bois ou de la forêt; **2°** origine; **3°** position géographique; **4°** orientement; **5°** situation et exposition; **6°** climat; **7°** vents; **8°** étendue; **9°** nature du sol; **10°** essences et nature du bois; **11°** places vides et clairières; **12°** consistance actuelle de la forêt; **13°** maladies, insectes; **14°** surveillance et délits; **15°** minéraux et carrières; **16°** chasse et bêtes fauves; **17°** routes et chemins; **18°** limites; **19°** fossés; **20°** bornes; **21°** rivières, canaux, ruisseaux; **22°** pêche; **23°** maisons; **24°** enclaves; **25°** pâturage; **26°** droits d'usage; **27°** établissements et lieux de consommation; **28°** distances approximatives; **29°** produits moyens des dix dernières années; **30°** débit des bois et marchandises usitées; **31°** prix courant de ces marchandises.

Cette nomenclature comprend à peu près tout ce qu'il essentiel de connaître quand on veut aménager une forêt. Son principal défaut, selon moi, c'est que les matières n'y sont pas classées d'une façon méthodique qui soit propre à les fixer dans la mémoire.

Les divers objets qui sont de nature à exercer une influence sur l'aménagement d'une forêt, peuvent se partager en cinq groupes bien caractérisés, et relatifs : le premier, à la forêt considérée dans les éléments qui la constituent ou qu'elle contient; le deuxième, à sa conservation et à son entretien ; le troisième, aux dépenses qu'elle occasionne ; le quatrième, à son exploitation et à ses produits ; le cinquième, aux débouchés dont elle jouit.

Si nous adoptons cette classification, nous rangerons :

Dans le premier groupe, le nom, la position géographique et administrative, les limites, les tenants, la contenance générale, la contenance du sol boisé ou susceptible de le devenir, les enclaves, les vides et clairières, les lacs, étangs ou marais, les cours d'eau, les rigoles et les fossés d'assainissement, les routes et chemins, les maisons forestières, les scieries, les constructions diverses, la configuration et la nature du sol, les mines et carrières, le climat, le peuplement, les pépinières, le règne animal;

Dans le deuxième, les dommages auxquels la forêt est exposée de la part des animaux et insectes, du feu, des météores, des délits; la surveillance, l'entretien des voies de transport, les repeuplements artificiels;

Dans le troisième, le prix des travaux dans la localité, les dépenses afférentes à l'exploitation, à la surveillance, à la réparation des voies de transport, à l'entretien des maisons, scieries, etc., etc., des pépinières, des plantations, des fossés d'assainissement, des limites, etc., etc. ;

Dans le quatrième, l'exposé de l'aménagement en vigueur, le débit et le prix des bois, les produits en nature, les produits en argent, les produits accessoires, les produits immatériels ou indirects;

Dans le cinquième, enfin, les droits d'usage, les servitudes d'intérêt public, les lieux de consommation, le prix des bois aux lieux de consommation, la différence entre ce prix et celui des bois en forêt.

Il est nécessaire d'étudier tous ces points avec le plus grand soin, de les bien définir. Ce travail est certainement un de ceux qui, dans l'aménagement d'une forêt, exigent le plus d'esprit d'observation, de netteté dans le coup d'œil, de tact, de jugement et de sagacité. Il est destiné à former la base de l'édifice qu'on se propose de construire, ou plutôt l'arsenal dans lequel on devra puiser tous les matériaux nécessaires. A l'aide d'une bonne statistique, on peut, sans aller sur le terrain, régler la marche des exploitations.

Parmi les articles compris dans la statistique, il y en a beaucoup qu'il suffit de traiter d'une manière générale ; il y en a quelques-uns, au contraire, qui doivent être l'objet d'un examen très-détaillé. Pour éviter la confusion que cet examen occasionnerait, si on en consignait les résultats au milieu des généralités, il est d'usage d'en faire la matière d'un document spécial. La statistique comprend donc deux sortes de renseignements : les *renseignements généraux*, les *renseignements spéciaux*.

Occupons-nous d'abord des renseignements généraux. Je vais passer en revue tous les points énumérés ci-dessus ; j'en trouverai un grand nombre qu'il aura suffi d'énoncer pour faire comprendre les recherches qu'ils réclament ; mais il y en a sur lesquels j'aurai à donner des explications

CHAPITRE DEUXIÈME

Renseignements généraux.

ARTICLE PREMIER.

NÉCESSITÉ PRÉALABLE D'UN PLAN.

Lorsque l'on entreprend la statistique d'une forêt, le premier document qu'il y a lieu de se procurer est un plan exact de cette forêt. S'il n'existe pas, il faut le dresser ; y figurer, au moyen de courbes, de hachures ou de teintes, les principaux mouvements du terrain ; y rapporter les enclaves, jardins, étangs et tous les emplacements quelconques qui seraient affectés à une autre destination qu'à la production du bois ; y tracer les routes, chemins, cours d'eau, et généralement toutes les lignes séparatives naturelles ou artificielles entre l s parties de la forêt qui seraient placées dans des conditions toutes particulières, au double point de vue de la situation et de l'exposition ; donner à ces parties de la forêt que l'on désigne communément par le nom générique de canton, des noms spéciaux, si elles n'en ont déjà.

Ce plan est nécessaire pour l'intelligence du cahier descriptif, dans lequel on consigne les renseignements dont je vais refaire l'énumération raisonnée.

ARTICLE II.

ÉTAT DE LA FORÊT CONSIDÉRÉE DANS LES ÉLÉMENTS QUI LA CONSTITUENT OU QU'ELLE RENFERME.

1° *Nom ;*

2° *Position géographique et administrative.*

Ces renseignements, destinés à constater l'identité de la forêt, ne réclament pas d'observation.

3° *Limites.* — Faire connaître la nature et l'état des limites, fossés, bornes, etc.

4° *Tenants.* — Indiquer la nature des propriétés qui confinent à la forêt.

5° *Contenance générale et par canton.* — Il n'est pas indispensable, lorsqu'on aménage une forêt, d'en connaître la contenance d'une manière parfaitement exacte. Quelques hectares de plus ou de moins sont de peu d'importance, surtout dans les futaies dont la possibilité est en partie basée sur le volume. La triangulation préalable de la forêt n'est donc point d'une rigoureuse nécessité ; mais ce qu'il faut absolument, c'est

que les limites en soient assurées , et par conséquent
que la délimitation et le bornage en aient été effectués.
S'ils ne l'avaient pas été, il y aurait lieu d'y procéder avant de s'occuper de l'aménagement proprement dit.

6° *Contenance du sol boisé ou susceptible de le devenir*. — En donnant ce renseignement, dont l'utilité
n'a pas besoin d'être démontrée, pour la totalité de la
forêt d'abord et ensuite pour chaque canton, il convient de spécifier les différentes parties de la forêt qui
ne sont pas destinées à la production du bois.

7° *Enclaves*. — Faire connaître leur étendue, leur
culture, la catégorie de propriétaires à laquelle elles
appartiennent, les inconvénients qu'elles pourraient
présenter pour la conservation du sol forestier.

8° *Vides et clairières*. — En indiquer la contenance
pour chaque canton, et spécifier les parties qui seraient
susceptibles de reboisement et celles qui ne le seraient
pas.

9° *Lacs, étangs ou marais*. — En indiquer également
la contenance par canton, et s'expliquer sur la possibilité et l'utilité de leur desséchement.

10° *Cours d'eau*. — Faire connaître leur nom, leur
direction, leur développement, leur utilité pour la vidange et le débit du bois, en considérant séparément
les cours d'eau flottables et navigables, les cours d'eau
seulement flottables, les cours d'eau non flottables,
mais susceptibles de le devenir, les cours d'eau non
flottables et devant rester tels.

11° *Rigoles et fossés d'assainissement.* — Quel est leur développement, leur état, leur efficacité ?

12° *Routes et chemins, et moyens de vidange établis sur le sol forestier.* — Faire connaître leur nom, leur nature, leur développement en longueur et en largeur, leur état d'entretien, et généralement tout ce qui est nécessaire pour que l'on puisse apprécier ultérieurement les améliorations dont ils devraient être l'objet.

13° *Routes et chemins établis sur le domaine public.* — Faire connaître leur nom, leur étendue, leur développement, leur utilité pour la vidange des produits de la forêt, en considérant séparément les routes impériales, les routes départementales, les chemins de grande communication, les chemins vicinaux.

14° *Maisons forestières.* — Quel est leur nombre, leur situation, leur état de conservation ?

15° *Scieries.* — Donner les mêmes renseignements, en distinguant les scieries qui appartiennent à l'État de celles qui appartiennent à des particuliers. Donner, en outre, tous les renseignements désirables sur le mécanisme de ces usines, et la quantité de planches qu'elles sont susceptibles de débiter.

16° *Constructions diverses.* — Les spécifier et s'expliquer sur leurs avantages ou leurs inconvénients.

17° *Configuration du sol.* — Cet article est très-important au double point de vue de la végétation et de la vidange. On le traitera donc de manière à donner une idée aussi exacte que possible des principaux mouvements du terrain et des pentes qu'il présente. On fera connaître la hauteur au-dessus du niveau de la mer des points culminants, et les aspects généraux de la forêt.

18° *Nature du sol.* — Je ne pourrais, sans entrer dans le domaine de la culture, me permettre d'exposer ici une théorie complète sur la classification des sols forestiers. Je me bornerai à faire saisir les difficultés de cette classification, et à indiquer la méthode d'investigation qui me paraît la plus propre à atteindre le but que l'on poursuit, lorsque l'on s'occupe de recueillir ces renseignements si importants de la statistique.

Montrons d'abord qu'une classification des sols par ordre de qualité, c'est-à-dire de fertilité, classification très-difficile dans l'agriculture proprement dite, est impossible en sylviculture, et que la pretention de distinguer, dans les terrains de diverses natures qui peuvent exister dans une forêt, ce qui est excellent de ce qui est bon, ce qui est bon de ce qui est médiocre, ce qui est médiocre de ce qui est mauvais, ne saurait aboutir à aucune donnée précise.

Pour qu'il en fût autrement, il faudrait qu'il y eût dans la composition chimique ou dans les propriétés physiques des sols, des éléments, des caractères qui pussent être considérés comme des signes incontestables d'un certain degré de fertilité. Il faudrait qu'on pût dire : suivant qu'un terrain contiendra plus ou moins de substances de telle ou telle nature, il sera susceptible de produire plus ou moins de bois de telle ou telle qualité ; or, c'est là ce qu'on ne saurait apprécier : chacun connaît le rôle important que les sels et les alcalis jouent dans la culture arable comme substances nutritives. Dans la culture forestière, ce rôle est très-limité ; il ne paraît pas du moins, d'après les expériences faites jusqu'à ce jour, qu'il y ait lieu de s'en préoccuper sérieusement. Personne n'ignore l'excellent effet des substances animales sur la végétation des plantes agricoles. En sylviculture, cet effet est nul, s'il n'est nuisible. Enfin, c'est un fait parfaitement établi que les céréales, suivant que le terrain est argileux, calcaire ou siliceux, donnent des récoltes bien différentes. En sylviculture, si le chêne prospère surtout dans les terrains argileux, on le voit aussi en fort bon état de croissance dans des sables presque purs ; si le hêtre préfère les terrains calcaires, il acquiert souvent dans les terrains siliceux de fort belles dimensions.

Il est certain que les propriétés physiques des terres, la cohésion, l'aptitude au desséchement, l'hygroscopicité, ont cependant une grande influence sur la végétation des bois ; mais ces propriétés sont susceptibles d'être modifiées par une foule de circonstances : par la situation, l'exposition, le climat, et un sol trop compact pour que le bois y prospère dans un pays plat, deviendra fertile dans un pays en pente. Un sol qui serait trop léger, trop perméable à une certaine altitude, perdrait cet inconvénient à une altitude plus grande, etc., etc.

A quelque point de vue qu'on se place, au point de

vue chimique comme au point de vue physique, les
qualités des sols semblent donc se soustraire à toute
classification rigoureuse, et nous ne conserverons pas
le moindre doute à cet égard, si nous considérons l'influence prépondérante qu'exerce sur la fertilité des terrains forestiers, un élément dont je n'ai pas encore
parlé, mais que tout le monde devine : l'humus.

L'humus, résultat direct de la végétation, restitue
au terrain les substances minérales que celle-ci lui a
empruntées, l'enrichit de matières carboniques, et,
par ses propriétés physiques, le rend propre à s'assi-
miler dans les proportions les plus convenables l'air,
l'eau, la chaleur, ces trois agents qui sont la source
de la vie végétale.

L'action de l'humus est donc *prépondérante* dans la
fonction des sols forestiers ; mais alors on ne saurait
songer à établir des degrés de fertilité pour ces sols,
d'après les éléments qui les constitueraient au moment
de l'observation, puisqu'ils sont destinés à être constamment et puissamment modifiés par l'effet même
de la végétation.

L'enseignement à tirer de ce qui précède, c'est que
ce que l'on a de mieux à faire quand on est arrivé à
la partie de la statistique relative au sol, est d'indiquer
la nature de la base minéralogique, la profondeur de
la terre végétale, les éléments qui y dominent, celle
des catégories de terrains décrites dans le *Cours de culture* de MM. Lorentz et Parade, à laquelle il appartient.

Ces renseignements, rapprochés de ceux donnés à

l'article *Climat*, mettront à même de juger autant que cela se peut, quand on n'a pas vu les lieux, de la puis-sance productive du sol (1).

---

(1) Hundeshagen a fait une classification des sols au point de vue forestier.

Il range :

Dans la 1re *classe* (les sols très-riches), toutes les formations calcaires en général. — Parmi elles, le tuf calcaire, par sa facile décomposition, forme d'ordinaire les plus fertiles ; — les différentes couches secondaires de gypse et de marne de diverses natures ; les formations volcaniques (laves), celles de basalte, de trappe et des brèches trappéennes ; l'euphotide, le chlorite ou grès flexible, la serpentine, le schiste magnésien et le schiste argileux, lorsqu'il contient également de la magnésie ; la marne oolithique, lorsqu'elle a plus de 10 pour 100 de chaux ; les gisements quartzo-calcaires de quelques couches de grès, lorsqu'ils forment un sol calcaire ferrugineux ; les porphyres.

Les sols de cette classe peuvent faire croître, même sans mélange d'humus et d'engrais, les essences les plus exigentes, ou du moins les empêcher de dépérir. On n'y trouve jamais de fougères, de bruyères et des genêts.

Dans la 2e *classe* (de fécondité moyenne), les schistes argileux, abondants en quartz et pauvres en chaux, en magnésie et en oxyde de fer ; les granites et gneiss ; les schistes siliceux ; le tuf quartzeux et ordinaire ; le schiste micacé ; le grès primitif ; les variétés les plus riches en argile du grès bigarré et du grès oolithique.

Pour que les essences qui exigent un bon sol viennent bien dans ces terrains, il faut qu'ils contiennent de l'humus en suffisante quantité. On y trouve le genêt, la bruyère, la myrtile.

Dans la 3e *classe* (sols pauvres), les grès bigarrés en général ; les grès de nouvelle formation reposant sur la chaux coquillère, les grès de Keuper et du Lias ; les brèches ; les mollasses et, en général, les grès de la plus nouvelle formation. Il faut à ces terrains beaucoup d'humus ; le hêtre, le charme, le tilleul, le sapin, le pin du nord ne s'y conservent que par des soins et un traitement convenables. Le frêne, l'aune, l'érable, etc., n'y viennent plus originairement. On y trouve en quantité les fougères, les genêts, les bruyères.

Dans la 4e *classe* (sols très-maigres), les terrains formés de cailloux roulés, de galets et de sable mouvant.

19° *Mines et carrières*. — Faire connaître leur nature, leur importance, les difficultés de leur exploitation.

20° *Climat*. — Le mot climat, dans son acception générale, embrasse toutes les modifications dont l'atmosphère est susceptible, eu égard à la température, à l'humidité et aux courants qui s'y agitent (1).

Ces modifications, qui sont en quelque sorte solidaires, et qui s'engendrent les unes les autres, dérivent d'une cause première et unique, la chaleur, et se traduisent par des effets divers, dont le plus manifeste, le plus influent et le plus facile à constater, est l'abaissement ou l'élévation de la température. Aussi est-ce d'après l'état de cette dernière sur certains points de notre planète, qu'ont été déterminés les différents climats.

La terre a une chaleur propre et centrale, mais l'influence que cette chaleur exerce sur la température de la surface est insignifiante, et on peut en conséquence regarder le soleil comme la source exclusive de la chaleur.

L'action du soleil est modifiée, on le sait, par un grand nombre de circonstances dont les principales sont :

La latitude. La différence de température moyenne est, d'après M. de Humboldt, de 0,62 par degré de latitude.

L'altitude. Sous l'équateur, à une élévation de

---

(1) *Cours de culture des bois*, page 5.

3000 mètres, on jouit de la même température moyenne qu'à Montpellier ou à Madrid.

L'état de la surface. Dans le désert du Sahara, les sables s'échauffent au point de faire monter le thermomètre à **50** ou **60°**. Dans les forêts de l'Orénoque il y a des vides couverts de rochers qui, la nuit, ont une température plus élevée de **11°** que l'air ambiant. On sait enfin que les grandes masses d'eau s'échauffent ou se refroidissent lentement, et que le climat des terres voisines s'en ressent.

Telles sont les causes principales qui influent sur la répartition de la chaleur à la surface du globe, et qui déterminent le climat moyen, général d'une contrée ; mais l'état de l'atmosphère est en outre modifié secondairement et localement par d'autres éléments, le vent et l'eau, dont l'action est variable à l'infini suivant la configuration du sol.

Froids ou chauds, secs ou humides, suivant les régions qu'ils ont traversées, les vents peuvent, d'après les expériences de M. de Gasparin, abaisser de **6°** la température produite par la chaleur directe, et de beaucoup plus celle produite par la chaleur réfléchie du soleil.

Les brouillards obscurcissent l'atmosphère et empêchent l'action bienfaisante de la lumière.

Les nuages abaissent la température en été parce qu'ils interceptent les rayons lumineux, et l'élèvent en hiver parce qu'ils s'opposent au rayonnement nocturne

La pluie, au moment où elle se forme, a pour effet d'élever la température de l'air ambiant. La neige empêche les corps qu'elle recouvre de se refroidir par le rayonnement.

Le climat se soustrait donc, comme le sol, à toute classification rigoureuse, parce qu'il est susceptible de se modifier, pour ainsi dire, à chaque accident de terrain, et si l'on se bornait dans la statistique à définir le climat d'une forêt, d'après la température moyenne de la contrée dans laquelle elle serait située, on ne donnerait pas les indications suffisantes pour la faire apprécier (1).

Je pense donc que, dans l'étude du climat d'une forêt,

-----

(1) M. Charles Martin a partagé la France en cinq climats ; il range :

Dans le premier (climat excessif), sous le nom de climat vosgien, toute la contrée comprise entre le Rhin, la Côte-d'Or, les sources de la Saône, la chaine de montagnes qui va de Mézières à Auxerre. La température moyenne de ce climat est, pour l'hiver, de 0°,6 ; pour l'été, de 18°,6 ; pour l'année, de 9°,6.

Dans le deuxième (climat maritime), sous le nom de climat séquanien, toute la contrée comprise entre la frontière du nord, depuis Mézières jusqu'à la mer, le contre-fort du plateau qui règne de Mézières à Auxerre et le cours de la Loire et du Cher. La température moyenne de ce climat est, pour l'hiver, de 3°,95 ; pour l'été, de 17°,6 ; pour l'année, de 10°,9.

Dans le troisième (climat tempéré), sous le nom de climat girondin, la contrée comprise entre la Loire et le Cher jusqu'aux Pyrénées, puis à travers le plateau central de l'Auvergne. La température moyenne de ce climat est, pour l'hiver, de 5° ; celle de l'été, de 20°,6 ; celle de l'année, de 12°,7.

Dans le quatrième (climat également tempéré), sous le nom de climat rhodanien, la contrée comprise entre la vallée de la Saône et du Rhône, depuis Dijon et Besançon jusqu'à Viviers, le massif des hautes Alpes, une partie des basses Alpes. La température moyenne de ce climat est, pour l'hiver, de 2°,5 ; pour l'été, de 21°,3 ; pour l'année, de 11°.

il convient de prendre pour guide et d'adopter comme circonstance caractéristique, la nature et l'état de végétation des plantes qui croissent spontanément dans la région où est située cette forêt (1).

Mais ces renseignements seraient encore insuffisants si l'on n'y ajoutait tous ceux que l'on pourra se procu-

---

Dans le cinquième, enfin (climat chaud), sous le nom de climat méditerranéen, le surplus de la France. La température moyenne de ce climat est, pour l'hiver, de 6°,5; pour l'été, de 22°,6 ; pour l'année, de 14°,8.

Une pareille classification, bonne pour donner une idée générale des conditions climatériques dans lesquelles se trouve la France, ne saurait être d'aucune utilité pratique sous le rapport agricole et surtout sylvicole. Dans chacune des régions qui y sont comprises , il y a des points plus ou moins élevés au dessus du niveau de la mer, des expositions différentes et, par conséquent, des variations de température qui , si elles étaient considérées isolément, devraient faire ranger les localités où elles se présentent dans un autre climat que celui auquel on les a rattachées. L'état de la température n'indique pas d'ailleurs quelles sont les espèces susceptibles de croître et de prospérer dans un lieu donné.

(1) On désigne ordinairement sous le nom de :

Climat chaud, celui des contrées où croissent spontanément l'olivier, le figuier, le chêne-liége, le chêne yeuse.

Climat doux , celui des contrées où croissent en plein vent la vigne, l'amandier, le pêcher, toute espèce d'arbres fruitiers et de plantes potagères.

Climat tempéré, celui des contrées où les arbres fruitiers réussissent bien, et dont les forêts contiennent toutes les essences indigènes, sauf celles du climat chaud.

Climat rude , celui des contrées où la culture des arbres fruitiers et des plantes potagères délicates est difficile, et dont les forêts sont peuplées principalement d'essences résineuses.

Climat très-rude, celui des contrées où la culture du sarrasin , de l'orge et des pommes de terre est la seule possible, et dont les forêts contiennent comme essences dominantes, l'épicia, le mélèze, le hêtre, celui-ci mal venant.

rer, sur les variations de la température et les accidents météoriques qui pourraient affecter un lieu donné.

Indépendamment de l'indication des plantes qui seront cultivées avec succès dans la contrée dont on voudra faire connaître le climat, on fournira donc tous les renseignements possibles sur les écarts de température, la fréquence, l'intensité et la persistance des vents, de la pluie, des brouillards, de la gelée, de la neige, de la grêle, du verglas, du givre.

21° *Nature et état du peuplement.* — Décrire à grands traits le peuplement, et par conséquent faire connaître les essences dont il se compose, son état de consistance et de végétation suivant les sols et les climats, l'étendue occupée par le taillis, par les futaies. Donner pour les principales essences, tous les renseignements qu'on pourra se procurer sur leur croissance, leur longévité, la facilité plus ou moins grande avec laquelle elles sont susceptibles de se régénérer, soit par les semences, soit par les souches, l'âge auquel elles sont présumées devoir atteindre, l'époque de leur plus grand accroissement moyen.

22° *Pépinières.* — Indiquer leur emplacement, leur étendue, les essences qu'on y cultive, leur état d'entretien, les ressources qu'elles offrent pour le repeuplement.

23° *Règne animal.* — Dire quelles sont les espèces d'animaux qui peuplent la forêt et les cours d'eau si elles y sont abondantes et utiles.

ARTICLE III.

CONSERVATION ET ENTRETIEN.

24° *Insectes et animaux nuisibles.* — Indiquer les insectes et animaux qui attaquent les bois, les désordres qu'ils causent, les mesures à prendre pour les détruire.

Le gibier, le lapin principalement, cause de très-grands dommages dans certaines forêts; il importe donc de ne pas oublier cet article quand on s'occupe des circonstances qui sont susceptibles d'entraver la végétation.

25° *Incendies.* — Faire connaître si les incendies sont fréquents, quelles en sont les causes, comment on pourrait en empêcher le retour.

26° *Délits.* — Dire le nombre, la nature et l'importance des délits, le nombre et la profession des délinquants solvables ou insolvables.

27° *Surveillance.* — Quel est le nombre des brigadiers et gardes, leur salaire; quels sont le nombre et l'étendue des tirages; quelles sont les circonstances qui favorisent ou entravent la surveillance?

28° *Entretien des routes et chemins.* — Quel est le nombre des cantonniers, leur salaire, le nombre de kilomètres que chacun d'eux est chargé d'entretenir; quelles sont les circonstances qui exercent une influence sur l'accomplissement de leur tâche?

ARTICLE IV.

DÉPENSES.

35° *Prix des travaux dans la localité.* — Faire connaître le prix de la main-d'œuvre, suivant la nature du travail, le prix de location d'une bête de charge, d'une voiture attelée.

36° *Dépenses occasionnées par la surveillance.*

37° *Dépenses occasionnées par l'entretien des chemins forestiers.*

38° *Subventions pour la réparation des chemins vicinaux.*

39° *Dépenses occasionnées par l'entretien des maisons forestières, des scieries et autres constructions.*

40° *Crédit affecté moyennement chaque année à l'entretien des pépinières, aux repeuplements artificiels, aux assainissements.*

41° Idem, *pour le curage des fossés de limite, la réparation des bornes,* etc., etc.

Les renseignements que comportent les six articles précédents se devinent, sans qu'on ait besoin de les signaler.

ARTICLE V.

EXPLOITATION ET PRODUITS.

29° *Débit des bois.* — Faire connaître à quel usage on emploie les principales essences, et surtout les ressources qu'elles pourraient présenter pour les constructions navales.

Établir autant que possible, pour chacune de ces essences, suivant son âge et sa grosseur à un mètre du sol, le rapport existant :

Entre le volume conique et le volume réel de la tige,

Entre le volume conique de la tige et le volume réel total,

Entre le volume réel de la tige et le volume de la tige propre à l'œuvre,

Entre le volume réel total et le volume propre à l'œuvre,

Entre le volume réel total et le volume propre au chauffage,

Entre le volume réel total et le volume propre au charbon,

Entre le volume réel total et le nombre des bourrées,

Entre le mètre cube de bois brut et l'unité de marchandises fabriquées en forêts. On saura de cette manière combien il faut de bois pour fabriquer une grosse

de sabots, un cent de merrain, un stère de chauffage, etc.,

Entre le mètre cube de bois brut et le volume
de la quantité de marchandises qu'on peut en tirer.

30° *Prix détaillé du bois.* — Faire connaître le
prix sur pied du mètre cube de bois, suivant la destination à laquelle il est propre, œuvre, chauffage ou
charbon, les variations que ce prix a subies depuis un
certain nombre d'années, la plus-value donnée au
bois par la façon dont il est l'objet en forêt, ou, en
d'autres termes, la différence entre le prix du mètre
cube en grume et sur pied, et le prix de la quantité de
marchandises qu'il est susceptible de fournir.

31° *Produits en nature du bois.* — Faire connaître
le volume exploité chaque année, dans les futaies, dans
les taillis, en coupes principales, en coupes intermédiaires.

Établir la part de ce volume propre à l'œuvre, au
chauffage et au charbon.

32° *Produits en argent du bois.* — Faire connaître
la valeur en argent des produits en bois ci-dessus spécifiés.

33° *Produits en argent, accessoires.* — Faire connaître ce qu'on retire des mines et carrières, de la
chasse, de la pêche, de la glandée, de la faînée, des pépinières, des amendes, des indemnités pour bris de
réserve et tous autres menus produits.

34° *Produits immatériels ou indirects.* — Les produits immatériels d'une forêt sont sans intérêt pour le

propriétaire, quand ce propriétaire est un particulier; mais quand ce propriétaire est l'État, ils ont, au contraire, la plus haute importance. Les 30 à 40 millions que les forêts impériales rapportent chaque année au Trésor sont assurément fort peu de chose à côté des ressources incalculables qu'elles offrent à l'industrie, et des avantages qu'elles présentent pour la défense du territoire, la conservation du climat et du sol, le régime des eaux. Il convient donc de faire connaître, dans la statistique d'une forêt, l'influence que cette forêt pourrait exercer sur la conservation du climat et du sol, le régime des eaux, l'existence ou le bien-être des populations environnantes.

Le nombre, la profession et le salaire des ouvriers employés à l'exploitation, au débit, à la vidange, aux améliorations diverses, donneront une idée de l'importance de la forêt sous ce dernier rapport.

ARTICLE VI.

DÉBOUCHÉS.

42° *Droits d'usage.* — Faire connaître la nature et l'étendue des droits d'usage, l'influence qu'ils ont sur l'exploitation de la forêt. Si cette influence était fâcheuse et qu'il fût utile de procéder à l'extinction des droits, il faudrait provoquer immédiatement cette opération et surseoir à l'aménagement proprement dit.

43° *Servitudes d'intérêt public.* — Ces servitudes doivent être nécessairement prises en considération dans l'étude du plan d'exploitation de la forêt à aménager. Il convient donc de les faire connaître.

44° **Lieux de consommation.** — Indiquer les principaux lieux de consommation, et notamment les usines, la distance qui les sépare de la forêt, la nature et la quantité des bois que chacun d'eux consomme.

45° **Prix des bois aux lieux de consommation.** — Ce renseignement est essentiel, car, en le rapprochant du prix des bois en forêt, on pourra se faire une idée exacte de la facilité ou de la difficulté des transports.

CHAPITRE TROISIÈME

Renseignements spéciaux.

ARTICLE PREMIER.

POINTS A EXAMINER.

Après avoir étudié une forêt dans son ensemble,
eu égard seulement aux grandes divisions ou cantons
dont elle se compose, il est nécessaire de l'étudier dans
ses détails, et de décrire pour chacune de ces divisions
ou cantons, toutes les parties caractérisées par l'une
des particularités qui sont de nature à influer sur le
traitement applicable à un massif.

Ces particularités sont :

1° *L'âge des bois.* — Il est évident que c'est presque
toujours la circonstance déterminante, dans la fixation de l'époque à laquelle un massif doit être régé-
néré.

2° *La nature des essences.* — Des bouleaux ne sauraient êtres exploités au même âge que des chênes ou des hêtres. Des résineux ne peuvent pas être soumis aux mêmes traitements que des bois feuillus.

3° *L'état de la végétation* —Cet état permet de reculer plus ou moins le moment de la régénération.

4° *La qualité du sol*. — Selon que le sol sera substantiel ou maigre, profond ou non, perméable ou imperméable, un massif pourra être conduit jusqu'à un âge plus ou moins avancé, et sera plus ou moins susceptible de se régénérer et de se perpétuer par les souches.

5° *L'exposition et la situation*. — A l'exposition du nord, la végétation et les dangers qui la menacent sont bien différents qu'à celle du midi. L'exposition doit donc être prise en considération dans le choix du traitement ; la situation et surtout l'altitude doivent l'être également, car elles n'exercent pas moins d'influence sur la croissance des bois.

Il est certain que chacune des circonstances que je viens d'énumérer doit être soigneusement examinée, lorsqu'on veut régler d'une manière rationnelle le traitement d'une forêt.

Pour assurer cet examen, voici comme on procède.

ARTICLE II.

DU PARCELLAIRE.

On commence par diviser chaque canton en autant
de parcelles qu'il y existe de peuplements différents
par l'âge ; cela fait, si ces parcelles renferment des parties dissemblables sous le rapport des essences, de l'é-
tat de la végétation, de la nature du sol, de l'exposition
ou de la situation, on les subdivise en autant de fractions qu'il y a d'essences, d'états de végétation, de qualités de sol, d'expositions et de situations particulières.

Telle est l'opération connue sous le nom de *parcellaire.* C'est une des plus importantes de l'aménagement, comme nous le verrons plus tard, et comme il
est facile d'ailleurs de le comprendre dès à présent.

Le parcellaire est en effet indispensable pour constituer les affectations, pour dresser le plan d'exploitation, parce que seul il permet de rapprocher, de grouper les peuplements qu'il convient de régénérer à la
même époque et par le même mode.

Le parcellaire ne saurait donc être fait avec trop d'attention, et son élément, la *parcelle*, peut se définir,
d'après les explications que je viens de donner : *une
portion de forêt homogène, quant à l'âge, à l'essence
et aux conditions de végétation, et par conséquent, dont
toutes les parties constituantes sont susceptibles d'être
soumises au même traitement.*

Cette définition, que je n'invente pas, que j'emprunte à la tradition, est fort claire et me dispenserait d'entrer dans de nouvelles explications, si les diversités d'état existant dans une forêt, étaient jamais bien tranchées, bien évidentes; si l'homogénéité parfaite dans un peuplement ne se renfermait pas, presque toujours, dans des limites extrêmement étroites. Malheureusement nos forêts sont, en général, fort irrégulières, et si on voulait y séparer les unes des autres, en prenant et en appliquant à la lettre la définition de la parcelle, toutes les parties dissemblables par un des caractères que j'ai signalés, on arriverait à y former presque autant de parcelles qu'il y aurait d'arbres, ce qui enlèverait évidemment au parcellaire toute utilité.

Il faut ici chercher une règle qui pose la limite à laquelle on doit s'arrêter, pour que le parcellaire ne dégénère pas en une opération trop minutieuse; or, cette règle est indiquée par le but que l'on veut atteindre. Quel est ce but? — Nous le savons déjà, c'est la connaissance et la réunion de tous les peuplements susceptibles d'être régénérés à la même époque et par le même mode; mais la culture nous enseigne qu'il y a, pour l'exploitation des bois, deux méthodes principales : la méthode du jardinage, qui consiste à prendre çà et là, sans s'astreindre à aucune limite de contenance, les arbres les plus âgés; la méthode des coupes régulières et de proche en proche, dont une des exigences est, au contraire, la concentration des

coupes annuelles dans une circonscription déterminée.
Nous n'avons pas à nous occuper de la première de ces
méthodes, car elle est inconciliable avec l'aménagement pris dans son acception scientifique ; et si nous
interrogeons la portée de la seconde, nous reconnai-
trons que puisqu'elle exige que chaque année l'exploitation soit concentrée dans une circonscription déterminée, la contenance la plus petite que l'on puisse
donner à une parcelle, est celle au-dessous de la
quelle l'étendue d'une coupe annuelle ne saurait
descendre sans inconvénients, étendue variable,
d'ailleurs, suivant les localités, selon le propriétaire.

Quelle que soit, par conséquent, l'irrégularité d'un
peuplement, on doit considérer comme l'élément irré-
ductible du parcellaire, une portion de ce peuplement,
égale au moins en étendue à une coupe annuelle ; y
ajouter les peuplements environnants, pour les confondre dans la même parcelle, s'ils participent de la
même irrégularité ; les séparer dans le cas contraire,
pour en faire des parcelles distinctes.

Il suit de là également, que lorsqu'un peuplement
quelconque, occupant moins d'étendue qu'on ne doit
en donner à la plus petite parcelle, sera isolé au milieu d'un massif, il faudra le comprendre dans la même
parcelle que ce massif, par la raison qu'il devra nécessairement en suivre la destinée. De même, si un vide
trop petit pour que son repeuplement fût utile, les arbres voisins devant à la longue le recouvrir, était en-

globé dans un massif, on négligerait d'en lever la contenance et on le comprendrait dans la parcelle formée
par ledit massif.

Nous tirerons une dernière conséquence du même
principe : c'est que dans le tracé des lignes séparatives
des parcelles, il n'est pas nécessaire de s'astreindre à
suivre tous les contours, toutes les sinuosités indiquées
par les changements d'état du peuplement, et qu'il
faut, au contraire, redresser ces lignes toutes les fois
qu'il s'agit de ne transporter, d'une parcelle dans la
parcelle voisine, que des portions peu étendues.

Quant à la limite supérieure pour la contenance des
parcelles, il n'y en a rigoureusement pas; en sorte,
que si une forêt était, par exemple, située en plaine,
composée de bois de même âge ou régulièrement entremêlés, tout à fait homogène, enfin, quant aux conditions de peuplement, de sol, de climat, de situation,
son parcellaire deviendrait inutile, la marche des
coupes pouvant indifféremment avoir lieu dans un
sens ou dans l'autre.

Ainsi, voilà qui est bien convenu : Quelles que
soient les diversités d'état qui existent dans une forêt,
il n'y a pas à en tenir compte, lorsque leur expression
superficielle, s'il est permis d'employer ces termes,
descend au-dessous d'une certaine limite. Voyons
maintenant s'il ne convient pas de laisser, en outre,
quelque latitude aux aménagistes, en ce qui concerne
l'appréciation des dissemblances elles-mêmes, suivant
qu'elles seront relatives à l'âge ou aux essences, à la

végétation ou au sol, à la situation ou à l'exposition.

Dissemblances relatives à l'âge. — Puisque l'âge
est la circonstance qui sert de base, dans la plupart
des cas, pour fixer l'époque de la régénération d'un
massif, la différence d'âge doit être prise, avant tout,
en considération dans la formation des parcelles. C'est
d'ailleurs celle qui attire la première les regards, et
qui est la plus apparente ; mais s'arrêtera-t-on devant
une différence d'un an ? — Le simple bon sens répond
que non : d'abord, parce que cette différence serait fort
difficile à reconnaître ; ensuite, parce que ce n'est point
un aussi petit écart entre les âges, qui pourrait en motiver un entre les époques d'exploitation ; enfin, parce
que dans les futaies, la régénération ne pouvant, en
général, avoir lieu sur une place donnée, qu'en plusieurs fois, il en résulte nécessairement que sur cette
même place, il y aura entremêlés des bois qui ne sauraient être exactement aussi âgés les uns que les autres.
Il faut s'arrêter, dans le parcellaire, aux différences
qui frappent l'œil, et non à celles qui ne pourraient
être constatées que par le comptage des couches concentriques. Voilà la règle, et par conséquent, dans la pratique, on considère comme étant de même âge, des bois
entre les âges desquels il n'y a pas un écart de plus de
12 à 15 ans. On pourrait, dans les taillis, adopter des
limites moins larges, attendu que les différences d'âge
y sont ordinairement plus apparentes, non-seulement
parce que la croissance des rejets de souches est, quand

ils sont jeunes, plus rapide que celle des brins de semis, mais parce qu'il y a nécessairement plus d'homogénéité, dans les peuplements dont la régénération remonte à la même époque, leur exploitation ayant lieu, comme on sait, à blanc étoc.

Dissemblances relatives aux essences. — Après l'âge, vient l'essence dans l'examen des particularités qui peuvent motiver la formation d'une parcelle. Ici, il ne saurait s'élever des doutes, et toutes les fois qu'un massif renfermera, sur une étendue plus grande que celle qu'il conviendrait de donner à une coupe annuelle, des peuplements dont l'essence dominante différera de celle des bois environnants, on fera de ces peuplements autant de parcelles distinctes.

Dissemblances relatives à l'état de la végétation. — On agira de même qu'il vient d'être dit ci-dessus, pour l'état de la végétation, toutes les fois qu'à âge égal, les essences étant les mêmes, cet état sera manifestement assez mauvais, sur une étendue au moins égale à celle d'une coupe, pour que l'on soit obligé d'avancer l'époque de la régénération, d'un nombre d'années plus grand que celui que l'on peut admettre entre les âges des sujets appartenant à la même parcelle.

Dissemblances relatives à la situation et à l'exposition. — Si le partage de la forêt en cantons a été fait conformément aux principes que j'ai émis, le climat, dans son acception générale, n'exercera aucune influence sur la formation des parcelles; l'exposition ne saurait non plus en avoir beaucoup — quoiqu'elle

soit au nombre des principales causes des accidents
météoriques qui affectent une contrée — attendu qu'il
en aura été tenu compte indirectement dans la subdivision des parcelles, eu égard aux différences de la
végétation ; mais la situation et surtout l'altitude, en
rendant plus ou moins facile l'exploitation et la vidange,
ont sous ce double rapport, une action particulière qui
motiverait la subdivision d'une parcelle, si elle devait
placer des parties de cette parcelle dans des conditions
sensiblement différentes.

Dissemblances relatives au sol. — Le sol ne vient
qu'en dernier lieu dans la série des circonstances que
l'on doit apprécier, quand on effectue le parcellaire
d'une forêt ; cela s'explique par la difficulté d'en constater la qualité absolue, et par le signe d'après lequel
on juge le plus communément de sa qualité relative.
Ce signe est l'état de la végétation. Presque toujours,
le parcellaire, modifié d'abord d'après la nature des
essences, puis d'après l'état de la végétation, n'aura
pas besoin de l'être par suite des différences de qualité
que pourrait présenter le terrain. Toutefois, comme la
mauvaise qualité du sol n'est pas la seule circonstance
qui soit susceptible d'entraver la croissance des végétaux, il pourrait arriver que des parties de terrain,
profondes et substantielles, eussent été comprises dans
la même parcelle que des parties maigres et sans profondeur, parce que les premières seraient couvertes
d'un peuplement mal venant. Dans ces cas, certainement très-rares, et dont on constaterait l'existence

au moyen de quelques sondages, il faudrait évidemment faire des parcelles distinctes des bons et des mauvais terrains.

Le parcellaire est en définitive, comme on peut en juger par ce qui précède, une opération moins compliquée qu'elle ne paraît au premier abord. Lorsqu'il est terminé, on exécute le levé des parcelles qu'on rapporte ensuite sur le plan de la forêt, et on procède, à l'aide de ce plan, à l'examen et à la description détaillés du peuplement et des conditions dans lesquelles il se trouve.

ARTICLE III.

DESCRIPTION SPÉCIALE.

Tout n'est pas fini lorsque les parcelles ont été délimitées, levées et rapportées; il reste à les décrire, à en donner une idée aussi complète que possible ; car c'est cette description qui décidera de la place qu'elles occuperont dans le plan d'exploitation, de l'époque à laquelle elles devront être régénérées, et, en un mot, de la destination qu'on leur donnera.

Après avoir indiqué la contenance d'une parcelle, on fera donc connaître les essences qu'elle renferme, leur âge, leur état de végétation et de consistance, la durée probable du temps pendant lequel elles pourraient rester sur pied sans dépérir. On dira quelle est la nature de la base minéralogique, quelle est la composition de la terre végétale, son élément dominant, sa profondeur, l'état de sa superficie. On dira aussi à quelle altitude approximative la parcelle est située, quelle est son exposition, quels sont les accidents météoriques qu'elle pourrait avoir à redouter, quelle est la voie de vidange par laquelle s'exportent ses produits. Un examen attentif, minutieux, réfléchi, est nécessaire pour que cette description soit de nature à reproduire dans l'esprit du lecteur l'image fidèle des lieux. J'essayerais vainement de donner des règles pour assurer un pareil résultat. La manière dont il faut s'y prendre pour apprécier un peuplement, l'aptitude à dégager l'état moyen de ce peuplement, de l'espèce de confusion que produisent au premier aspect les variétés d'âge, d'essences, de forme et de consistance qui frappent les yeux, sont des choses qui ne s'enseignent guère. Ce sont presque des dons naturels. Il y a des gens qui ne savent pas voir un peuplement ; qui sont par conséquent incapables de le décrire ; soit que la dernière impression efface chez eux toutes les autres, en sorte que s'ils aperçoivent, en achevant la reconnaissance, un bouquet de chênes ou de bouleaux, par exemple, ils croient n'avoir vu que des chênes ou des bouleaux ; soit que les nuances qui passent sous leurs yeux ne se fondent pas dans leur esprit, qui fait alors de vains efforts pour les retenir ; soit qu'ils ne puissent résumer leurs diverses observations. Ces gens-là ne seront jamais de bons aménagistes. Il y a entre le coup d'œil du forestier et celui du paysagiste une analogie frappante qui me permettra de compléter ma pensée. Tous ceux qui se sont occupés de dessiner d'après nature ont dû, à leur début, éprouver quelque embarras à grouper tous les détails qui se présentaient à leur regard ; à distinguer ce qui était du premier, du deuxième ou du troisième plan ; à masser, pour nous servir de l'expression technique, le feuillage d'un arbre ; mais, au bout de quelque temps, les uns y sont parvenus ; les autres, au contraire, n'ont jamais pu saisir, dégager les rapports existant entre les parties d'un groupe, et en représenter la physionomie générale. Il en est de même des forestiers ; il y en a beaucoup qui ne savent pas lier leurs impressions et leurs idées, les classer, voir les choses dans leur ensemble, dans leurs caractères principaux. Ceux-là sont inhabiles à faire une bonne description ; ils se donneront beaucoup de peine pour fixer dans leur mémoire chaque détail, chaque particularité, au fur et à mesure qu'elle se présentera devant eux, et ne pourront tirer aucun profit de leur examen, quand il s'agira de dresser le plan d'exploitation.

ARTICLE IV.

RÉSUMÉ.

La reconnaissance spéciale de la forêt exige qu'on en fasse d'abord le parcellaire.

Cette opération consiste à subdiviser chacun des cantons dont elle se compose, en autant de portions distinctes et séparées, qu'il y a de différences bien tranchées dans la composition et les conditions de végétation du peuplement.

Cette subdivision, subordonnée d'abord à l'âge des bois, à la nature des essences et à l'état du peuplement, est modifiée ensuite, s'il y a lieu, conformément aux dissemblances relatives au sol, à la situation, à l'exposition.

Il est impossible de fixer d'une manière précise la limite *minima* au-dessous de laquelle la contenance d'une parcelle ne doit pas descendre ; seulement il faut éviter, si la parcelle est couverte de bois, de lui donner une contenance plus petite que celle que devrait avoir une coupe annuelle.

Quand le parcellaire est terminé, on a soin de faire arpenter, lever et rapporter sur un plan, toutes les subdivisions qu'il a eu pour résultat d'établir. On donne à ces subdivisions des signes distinctifs ; on les désigne, par exemple, par des lettres afin de les reconnaître facilement.

Enfin, on procède à la reconnaissance détaillée de chaque parcelle, reconnaissance qu'on ne saurait faire en même temps que le parcellaire, attendu qu'on a besoin, pour ne pas se tromper dans l'appréciation d'un peuplement, d'en connaître avant tout la contenance, et que ce renseignement n'existe pas encore au moment où le parcellaire s'effectue.

Un cahier spécial dans lequel sont transcrits les résultats de cette reconnaissance, forme ce qu'on est convenu d'appeler le cahier de la description spéciale.

ARTICLE V.

OBSERVATIONS SUR LES PRINCIPES CI-DESSUS DÉVELOPPÉS.

Les idées exposées dans les articles précédents, relativement au parcellaire, ne seront probablement pas du goût de tout le monde : on les attaquera peut-être dans le fond et dans la forme.

Si on consulte les traditions, on y trouvera, en effet, des principes qui diffèrent essentiellement des miens, quoique cependant ils tendent au même but. Au lieu de prendre, comme je le fais, pour élément fondamental du parcellaire, une portion de forêt homogène quant à l'âge, aux essences, aux conditions de végétation ; au lieu de subordonner la formation des parcelles aux différences d'état des peuplements qui

constituent la forêt, on prend pour élément fondamental du parcellaire une portion de forêt circonscrite
par des limites naturelles, et on subordonne en conséquence la formation des parcelles à des circonstances
indépendantes de l'état du peuplement. Il est vrai
qu'on trie ensuite, dans chacune des grandes divisions
circonscrites par des limites naturelles, les peuplements
homogènes pour en faire des subdivisions ; mais ces
subdivisions, condamnées d'avance à se fondre dans les
divisions dont elles font partie, ne sont appelées à
exercer individuellement aucune influence sur la formation des affectations.

Tel est le point sur lequel ma manière de voir est
surtout en désaccord avec certains errements. Il est
capital, et je ne peux me dispenser de m'y arrêter.

Si on ne formait les divisions dont je viens de parler
que pour faciliter l'opération du parcellaire, je ne
protesterais pas. On suivrait en réalité la marche que
j'ai conseillée ; mais quand on forme une division avec
l'idée préconçue et arrêtée de faire subir la même destinée à la totalité des peuplements qu'elle contient, on
met, pour me servir d'une comparaison triviale, la
charrue avant les bœufs ; et on s'expose évidemment à
violer tous les principes de la culture et de l'exploitabilité, en rangeant sous la même loi, en assujettissant
au même traitement, en régénérant à la même
époque, des parties de forêt qui pourront avoir des
exigences bien opposées.

Quel est l'objet principal de l'aménagement?—C'est

de fixer l'époque et l'ordre des coupes annuelles ; or cet ordre et cette époque ne dépendent pas uniquement de la position respective des divers peuplements dont une forêt se compose ; ils dépendent en outre , et quelquefois principalement, de l'âge des bois, de la longévité probable des essences, et par conséquent, je ne saurais admettre qu'on ne tienne compte que de la première de ces circonstances.

Il y a là, au moins en théorie, une grosse erreur ; je dis en théorie, parce que dans la pratique on se préoccupe, tout en faisant le parcellaire, de la formation des affectations, et qu'il y a des cas où il est possible de prévoir que les exigences des règles d'assiette feront placer dans la même affectation, à cause de leur situation respective, des peuplements très-dissemblables d'ailleurs par l'âge ou d'autres caractères.

Ce sont précisément ces exigences des règles d'assiette et la certitude où l'on est souvent, et en montagne particulièrement, qu'elles prévaudront, lors de la formation des affectations, sur les autres motifs , qui ont conduit certains agents à regarder comme devant être soumis à la même loi, et devant former l'élément fondamental du plan d'exploitation, tous les peuplements circonscrits par des limites naturelles ; mais il est clair d'abord que de tels principes, en admettant qu'ils fussent toujours justifiés dans les pays de montagnes, ne sauraient l'être dans les plaines, et il est non moins clair ensuite, que si dans la pratique, il est permis à des agents très-exercés de tenir compte, dans leur manière de procéder au parcellaire, des exigences des règles d'assiette, il n'en est pas de même en théorie, où l'on doit classer les idées et les opérations par rang d'importance, les développer et les exposer successivement et sans confusion, dans un ordre tel qu'on puisse bien en suivre la filiation.

ARTICLE VI.

DU NOMBRE ET DE LA FORME DES PIÈCES RELATIVES AU PARCELLAIRE ET A LA DESCRIPTION SPÉCIALE.

Dans mon opinion, il serait fâcheux que l'on imposât pour ces documents des modèles uniformes, sans avoir égard aux différences de localités. Dans telle forêt, susceptible d'être divisée en un petit nombre de parcelles bien homogènes, le rapport sur un seul plan de toutes ces parcelles sera suffisant; dans telle autre forêt, au contraire, où il aura été nécessaire de former un nombre considérable de parcelles, à cause de l'irrégularité du peuplement ou des conditions de la végétation, il conviendra qu'indépendamment d'un plan d'ensemble, on fournisse des plans de détail.

Pour la forêt de Cerisy (Calvados) et pour celle de Perseigne (Orne), on avait reconnu la nécessité de ces plans de détail : et comme l'irrégularité du peuplement était très-grande, même dans chaque parcelle envisagée isolément, et que le cahier descriptif n'aurait pas suffi, pour montrer cette irrégularité autant qu'il était désirable, on prit le soin de figurer sur les plans partiels eux-mêmes, au moyen de pointillés et de quelques annotations sommaires, les principales nuances du peuplement.

Il serait, je le pense, très-utile que cet exemple fût imité.

Voilà pour ce qui concerne la représentation graphique du parcellaire.

Quant au cahier descriptif, il convient de n'y pas ménager les détails, tout en laissant en relief l'état moyen qui sert en définitive à fixer la destination d'une parcelle. On ne saurait d'ailleurs prescrire pour cette description une formule plutôt qu'une autre, la manière de décrire une parcelle devant être inspirée par l'état des lieux.

Je donne, à titre d'exemple, un plan partiel et une description de parcelle que j'emprunte à l'aménagement de la forêt domaniale de Cerisy. Peut-être y trouvera-t-on quelques indications utiles.

PLAN

ET

DESCRIPTION D'UNE PARCELLE

Canton du Grand Wez, parcelle A.

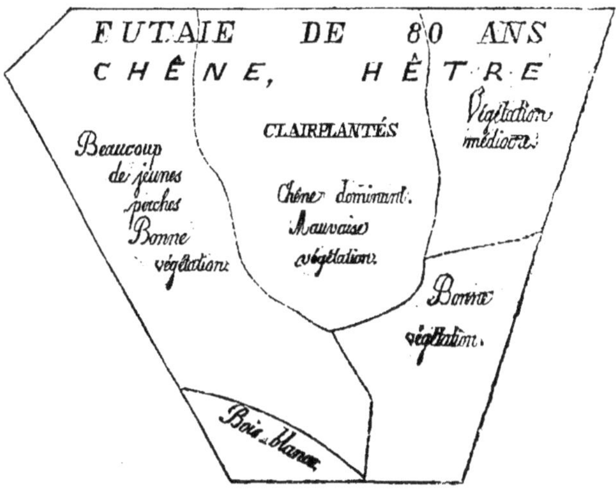

Contenance. 9 hectares 94 ares 70 centiares.

Situation. Plateau légèrement incliné, à 300 metres à peu près au-dessus du niveau de la mer.

Exposition. Nord-ouest. Les vents sont à craindre.

Sol. A la surface : Genêts, ronces, myrtilles, bruyères.

4

— A l'intérieur : Grès et schiste, argileux recouverts d'une couche végétale peu profonde, dont l'argile forme l'élément très-dominant, peu d'humus.

Essences. Chêne, hêtre, quelques bois blancs.

Age. **80** ans en moyenne.

État de la végétation et de la consistance. Futaie clair plantée peu régulière, d'une végétation médiocre, dans les parties où le chêne est dominant; on ne pense pas que ce peuplement puisse rester plus d'une vingtaine d'années sur pied sans dépérir.

Vides. Néant.

Vidange. Les bois s'exportent par le chemin de.....

DEUXIÈME ÉTUDE

DEUXIÈME ÉTUDE

DE L'EXPLOITABILITÉ.

BUT ET DIVISION DE CETTE ÉTUDE.

On définit l'exploitabilité d'un arbre, d'un bois, d'une forêt, l'état dans lequel se trouve cet arbre, cette forêt, ce bois, lorsqu'on peut retirer de son exploitation les plus grands avantages.

Il est évident que la détermination de l'exploitabilité et de l'âge qui y correspond, est de nature à exercer une influence prépondérante sur les résultats de la culture forestière, et qu'elle serait, à ce titre seul, digne de toute l'attention de mes lecteurs. Cette attention, elle la mérite encore, à cause des recherches nombreuses et difficiles qu'elle exige.

Dans l'agriculture proprement dite, l'exploitabilité des fruits est indiquée d'une manière précise par leur maturité. Aucun doute ne peut s'élever, en consé-quence, sur l'époque à laquelle il convient au proprié-taire d'effectuer la récolte, et un champ de blé, par exemple, est exploitable dans un temps prévu, fixé par la nature elle-même, et qui ne saurait varier, toutes conditions climatériques égales d'ailleurs, suivant la volonté de l'homme. Lorsque le soleil a doré les épis, on sait qu'il faut les faucher, sous peine de perdre les grains qu'ils contiennent. Le cultivateur est impuissant à hâter ou à retarder le moment de la moisson.

Pour un bois, les choses se passent bien autrement : à un âge peu avancé, il est déjà propre à certains usages, et entre cet âge et celui du dépérissement, il est facile de concevoir une multitude de termes et d'états différents, comportant autant d'exploitabilités particulières. Outre que la maturité d'un bois n'est pas indiquée par des caractères extérieurs, sur lesquels aucune contestation ne puisse s'élever, je ferai remarquer qu'il n'est pas nécessaire d'attendre cette maturité pour que l'exploitation de ce bois soit avantageuse ; et que, suivant les convenances du propriétaire et la nature de la production qu'il recherche, l'exploitabilité peut être ou très-avancée ou très-retardée.

Les bois jouissent donc, sous le rapport que j'envisage, d'une sorte de privilége caractéristique. On verra que dans certaines circonstances ce privilége se manifeste par des bénéfices considérables ; mais il est facile de comprendre dès à présent qu'il doit avoir, dans tous les cas, pour effet, de compliquer singulièrement les difficultés inhérentes à l'exploitation forestière.

Si l'on examine la manière dont les particuliers, les communes et l'État traitent les forêts qu'ils possèdent, on reconnaîtra ce qui suit :

Les particuliers exploitent généralement en taillis,

aux révolutions les plus courtes possibles, presque toujours avant l'âge de **20** ans, les bois qui se prêtent à ce mode d'exploitation. Quant aux résineux qui s'y refusent complétement, ils les coupent à un âge qui ne dépasse guère **60** ans.

Les communes exploitent aussi en taillis, sauf de rares exceptions, les bois feuillus qui leur appartiennent ; mais elles leur appliquent une plus longue révolution qui est le plus souvent de **25** ans, et elles y conservent de nombreuses réserves; leurs futaies résineuses sont exploitées de **80** à **90** ans.

L'État enfin exploite ses taillis, sous futaies ₰ à **30** ans en moyenne; ses forêts, en futaie pleine, restent sur pied jusqu'à **120** ans au moins.

Tels sont en général et à grands traits, les principes d'après lesquels est régi le sol forestier de notre pays.

Les intérêts des trois catégories de propriétaires qui possèdent ce sol, ne sont donc pas identiques, et si l'un s'accorde avec l'intérêt public, les autres doivent nécessairement s'en écarter.

Montrer en quoi et pourquoi ces intérêts diffèrent; indiquer les moyens de les concilier, si c'est possible, ce sont là des points importants que nous aurons à étudier, quand nous aurons traité de l'exploitabilité à un point de vue théorique.

Comme toutes les opérations qui rentrent dans l'économie forestière, la détermination de l'exploitabilité est subordonnée à deux ordres de circonstances bien distincts et qui tiennent; l'un, à la végétation, à ses lois, aux conditions nécessaires de l'existence des arbres, de leur conservation et de leur reproduction ; l'autre, à des faits économiques, c'est-à-dire agricoles, industriels ou commerciaux, aux convenances de la société ou de l'individu, à l'espèce des produits qu'on veut obtenir, à la destination qu'il est possible de leur donner.

Je sais que dans la pratique, parmi les considérations qui servent à déterminer l'exploitabilité, celles qui se fondent sur les exigences de la végétation passent avant toutes les autres. S'il en était autrement, on s'exposerait à des travaux inutiles, en ce sens qu'ils pourraient reposer sur des hypothèses contradictoires avec les exigences mêmes de l'existence des bois.

Mais la logique de la pratique n'est pas toujours celle de la théorie.

La culture forestière n'emprunte sa raison d'être qu'au profit qu'elle est susceptible de fournir. L'appréciation de ce profit et de toutes les circonstances qui sont propres à l'influencer, est donc celle qui se présente naturellement la première, à l'esprit de ceux qui cherchent à classer les principes applicables à cette culture.

Cela posé, voici quelle sera la table des matières de mon travail : 1° De l'exploitabilité abstraction faite des exigences de la végétation et de la culture ; 2° De l'exploitabilité dans ses rapports avec ces exigences ; 3° De l'exploitabilité dans ses rapports avec l'intérêt des diverses catégories de propriétaires qui possèdent des bois en France : 4° De l'exploitabilité dans ses rapports avec l'intérêt public.

CHAPITRE PREMIER.

De l'exploitabilité, abstraction faite des exigences de la végétation et de la culture.

La quantité des produits matériels, leur utilité, leur valeur vénale, et le rapport de cette valeur au capital d'où elle émane, sont les divers objets que l'on a en vue ensemble ou séparément, quand on cherche à retirer des bois les plus grands avantages.

A ces divers objets correspondent quatre sortes d'exploitabilités distinctes et relatives :

La première, aux produits en matière les plus considérables ;

La deuxième, aux produits les plus utiles ;

La troisième, au plus grand produit en argent ;

La quatrième, au rapport le plus élevé entre le revenu et le capital.

ARTICLE PREMIER.

Quels sont les principes généraux sur lesquels repose l'exploitabilité absolue?

Par quels moyens détermine-t-on l'âge qui correspond à cette exploitabilité?

Quelle est son utilité pratique?

Examinons successivement ces trois questions :

§ 1er.

Principes généraux sur lesquels repose l'exploitabilité absolue.

Quel est l'âge auquel il convient d'abattre des arbres, soit isolés, soit en massif; pour qu'en admettant une régénération immédiate et une succession non interrompue d'arbres de la même espèce, et soumis à des conditions semblables, on obtienne, dans un temps donné, les produits matériels les plus considérables?

Évidemment, c'est comme si l'on demandait quel est l'âge auquel il convient d'exploiter des arbres, pour que le produit de cette exploitation, joint à tous ceux qu'auraient pu procurer, précédemment, les coupes d'amélioration, et divisé par le nombre des années comprises dans cet âge, présente le quotient le plus élevé.

L'exploitabilité absolue est donc indiquée par l'âge

où se réalise le plus grand accroissement moyen, et par conséquent :

Elle se présente dans la phase descendante des accroissements annuels.

Elle correspond à l'âge où l'accroissement annuel devient égal à l'accroissement moyen.

Ces trois propositions demandent quelques explications :

Si nous coupons un arbre par le pied, et que nous examinions les couches concentriques de la section transversale, nous reconnaîtrons que leur épaisseur, très-mince dans le principe, va en augmentant jusqu'à une certaine distance du centre ; puis reste à peu près constante pendant quelques années ; et diminue enfin de plus en plus, au point de devenir à peine perceptible, à mesure que l'on se rapproche de la circonférence.

Les conséquences qu'il y a lieu de tirer de ces caractères, pour la détermination de l'exploitabilité correspondante à la production matérielle la plus considérable, sont évidentes pour un forestier ; il n'en est pas de même pour les personnes étrangères à la sylviculture, et je crois que si on les interrogeait à ce sujet, elles ne répondraient pas, du premier coup, d'une manière satisfaisante.

Ces personnes seraient probablement disposées à établir, d'abord, une relation directe entre les phases de l'accroissement en volume de notre arbre d'expérience, et les variations de l'épaisseur des couches concentriques; elles supposeraient volontiers, qu'à partir du moment où cette épaisseur est devenue constante, l'accroissement annuel est resté stationnaire. — Ce serait là une grave erreur; Varennes de Fenille a eu soin de la prévoir, en faisant remarquer qu'il faut se garder de confondre le grossissement avec l'accroissement annuel; attendu que celui-ci peut ne pas cesser de grandir, tandis que l'autre diminue.

Mais, ce que les personnes, en question, auraient surtout de la peine à comprendre; c'est qu'il y ait perte dans le rendement, quand on retarde l'exploitation jusqu'au terme de la végétation. Petite ou grande, elles ne s'expliqueraient pas aisément, qu'il y ait avantage à sacrifier l'augmentation de volume, que la végétation des dernières années serait encore susceptible de procurer au propriétaire. Habituées à n'envisager les arbres que dans leur individualité, au lieu de les envisager dans une succession non interrompue et indéterminée de générations, il leur faudrait un certain effort de réflexion, pour apprécier les conséquences de la solidarité qui existe entre ces générations, solidarité dont l'absence rendrait inintelligible la théorie du plus grand accroissement moyen.

Enfin, cette solidarité consentie, et avec elle l'opportunité de renoncer aux dernières années de la végétation d'un arbre, parce qu'on est assuré de trouver plus qu'une compensation dans la production de celui qui le remplacera, il reste encore à démontrer que l'exploitabilité absolue tombe dans la phase *descendante* des *accroissements* annuels. Cette démonstration est facile : pour que l'accroissement moyen ne cesse pas d'augmenter, il suffit en effet que l'accroissement annuel soit plus grand que la moyenne des accroissements annuels antérieurs ; or, cette moyenne est nécessairement toujours plus petite que le plus grand de ces accroissements, puisqu'elle est fonction non-seulement de celui-ci, mais, au même titre, des plus faibles, et, entre autres, de ceux des premières années de la végétation.

Les deux premiers aphorismes que j'ai posés, ne sont donc pas susceptibles d'être controversés ; le troisième en découle logiquement, en forme le corollaire, et s'y arrêter serait faire trop peu de cas du temps de ses lecteurs.

Quelque simples que soient ces aphorismes, ils ne s'acceptent pas cependant, on vient de le voir, sans explications, et Varennes de Fenille, qui les a formulés le premier, a fait faire un progrès réel à la science de la sylviculture.

Toutefois, pour que ce progrès ne soit pas dépourvu d'utilité pratique, il est nécessaire d'admettre qu'en conformité des lois qui régissent le monde organique, les arbres n'arrivent au terme de leur existence qu'après avoir traversé une phase de décadence ; que leur force vitale et leur accroissement annuel, qui en est l'expression, ne vont pas en augmentant jusqu'au moment où ils sont surpris par la mort, et que, si leur végétation ne présente pas toujours les trois phases, ascendante, stationnaire, descendante, qu'on s'accorde généralement à lui reconnaître, elle présente au moins les deux extrêmes. Cette hypothèse est indispensable, et je ne sache pas au surplus qu'il ait été fait contre elle aucune protestation plausible.

Les principes qu'on vient de développer, s'appliquent aussi exactement aux arbres isolés qu'aux arbres en massifs, aux bois aménagés qu'à ceux qui ne le sont pas.

On a prouvé par exemple que, pour les arbres isolés, le plus grand accroissement moyen se produit dans la phase descendante de l'accroissement annuel. On le prouverait de la même manière pour les massifs; seulement, lorsque, dans ces derniers, les éclaircies enlèvent périodiquement une portion des arbres sur pied, il convient de supposer qu'elles ont lieu par annuités; et l'on doit, surtout, tenir compte de leurs produits, dans la comparaison des accroissements de deux années consécutives; car si on les négligeait, on arriverait infailliblement à un résultat tout à fait contraire à celui qu'indique le raisonnement.

Quant à l'application aux bois aménagés des lois dont on n'a, jusqu'à présent, démontré la justesse que pour les bois qui ne le sont pas, elle est également incontestable : de sorte qu'étant données deux forêts de même étendue et dans des conditions semblables de végétation, partagées l'une en 60 coupes et l'autre en **120**, la production de cette dernière, quoique l'étendue de la coupe annuelle soit moindre de moitié, sera plus considérable que celle de la première, si le plus grand accroissement moyen ne se réalise qu'à l'âge de **120** ans. En termes plus précis, si ces deux forêts ont chacune **120** hectares, l'hectare qu'on coupera chaque année dans la deuxième, fournira plus de produits que les deux hectares qu'on coupera chaque année dans la première.

Voici un raisonnement algébrique très-élémentaire qui, à cet égard, ne laissera pas place au moindre doute.

On veut prouver que l'aménagement qui correspond au maximum de l'accroissement moyen, est celui qui procure le maximum de produits matériels.

Soit n l'âge de la révolution,

v le volume d'un hectare parvenu à cet âge :

Le plus grand accroissement moyen sera $\dfrac{v}{n}$.

Soit c la contenance de la forêt ; la contenance de la coupe sera $\dfrac{c}{n}$ et le volume $\dfrac{c}{n} \times v$ ou $c \times \dfrac{v}{n}$.

Mais $\dfrac{v}{n}$ est le plus grand accroissement moyen ; donc toute révolution $n'\ n''...$ plus grande ou plus petite donnerait un accroissement $\dfrac{v'}{n'}\ \dfrac{v''}{n''},...$ moindre que $\dfrac{v}{n}$, et en conséquence, une quantité $c\ \dfrac{v'}{n'}\ c\ \dfrac{v'}{n''}....$ plus faible que $c\ \dfrac{v}{n}$.

§ 2.

Des moyens par lesquels on détermine l'âge qui correspond à l'exploitabilité absolue.

Voici une plantation d'arbres de la même espèce, placés dans des conditions identiques de végétation, mais ayant des âges différents. Prenons le plus âgé, coupons-le par le pied ; à l'inspection des couches concentriques, il nous sera facile de déterminer la grosseur qu'il avait aux diverses époques pour lesquelles nous voulons établir son volume. Ayant la grosseur, il nous faudra encore la longueur à ces mêmes époques. Si l'arbre est verticillé, cette longueur sera facile à trouver, puisque la distance entre deux verticilles successifs, représente la pousse d'une année ; et que pour avoir, par exemple, la longueur de l'arbre il y a 10 ans, il suffira de retrancher de la longueur totale actuelle, celle des 10 derniers verticilles. S'il s'agit de bois feuillus, ce n'est que par des tâtonnements que nous pourrons arriver au but de nos recherches : ainsi, l'accroissement d'un arbre se constituant avec des couches annuelles superposées, il est aisé de comprendre qu'en rognant successivement la tige, on augmentera successivement aussi le nombre des couches concentriques de la section ; et qu'à l'apparition de chaque couche nouvelle, correspondra la hauteur à un âge qu'on déterminera sans peine, puisqu'on connaîtra l'âge actuel.

Nous pourrons donc nous procurer les deux éléments, longueur et épaisseur, relatifs à un âge quelconque ; et, avec ces deux éléments, calculer le volume de la tige de notre arbre à cet âge, en le considérant soit comme cône, soit comme cylindre. Des facteurs de conversion que nous établirons par les procédés qu'enseigne la stéréométrie, nous fourniront le volume réel, et il ne nous restera plus qu'à diviser le volume trouvé à différents âges par ces âges mêmes, pour distinguer en comparant les quotients, l'âge du plus grand accroissement moyen.

Pour plus de sûreté, l'opération que je viens d'appliquer à un arbre, on l'applique à plusieurs, et on prend ensuite la moyenne des accroissements moyens *maxima*.

Voici maintenant des arbres en massifs : c'est un taillis dans lequel il n'y a pas lieu de faire des coupes intermédiaires, c'est-à-dire des nettoiements ou des éclaircies. On pourrait déterminer l'âge de l'exploitabilité absolue par le même procédé. Mais comme pour diminuer, autant que possible, les chances d'erreur que l'on court toujours, lorsqu'on applique à un très-grand nombre d'arbres, les lois d'accroissement constatées sur une partie seulement d'entre eux, il faut que cette partie soit par rapport au tout, la plus grande possible, et que, dans un massif, cette considération entraînerait l'abattage d'un très-grand nombre de sujets, on emploie le procédé suivant qui est plus simple, plus expéditif et souvent plus sûr.

Au lieu d'expérimenter sur des arbres isolés, on

expérimente sur des portions du massif. On choisit donc, dans des conditions moyennes, mais régulières de végétation, des places d'essai, d'âges différents, et semblables quant aux autres éléments de la production. On cube les volumes qu'elles contiennent, et on divise ces volumes par les âges correspondants.

Cette méthode est celle qu'on ne peut se dispenser d'employer dans les massifs, soit en taillis, soit en futaies, qui sont assujettis à des nettoiements et éclaircies périodiques; seulement, on a soin d'ajouter au volume de chaque place d'essai, celui des coupes intermédiaires effectuées précédemment; de sorte que, si des éclaircies avaient eu lieu tous les 10 ans, à partir de 20 ans, il faudrait ajouter à la place d'essai de 30 ans, le produit d'une éclaircie (à 20 ans), à la place d'essai de 40 ans, les produits de deux éclaircies (à 20 et à 30 ans), etc. Les quotients de ces sommes par les âges des places d'essai, exprimeraient les accroissements moyens à ces âges, et au plus grand de ces quotients correspondrait l'âge de l'exploitabilité absolue.

Les opérations que je viens de décrire très-rapidement sont simples en théorie. Dans la pratique, elles rencontrent de grandes difficultés causées surtout par l'embarras de trouver des arbres ou des portions de massifs, qui soient dans un état de régularité convenable, et dans des conditions de végétation semblables à celles des peuplements, auxquels devraient être appliqués les résultats des expériences dont ils auraient été l'objet.

L'exploitabilité relative aux plus grands produits matériels, varie pour une même essence, suivant les sols, les climats, la consistance du peuplement, etc., toutes choses très-variables souvent de leur côté, dans la même forêt. Il n'est pas aisé de discerner la moyenne de ces variations, et c'est cependant du choix plus ou moins juste de cette moyenne, que dépend le succès de l'opération. Toutefois, il n'y a pas de difficulté insurmontable pour la sagacité d'un forestier qui a du coup d'œil et qui est expérimenté, lorsque les peuplements présentent les éléments indispensables sous le triple rapport de la régularité, de la consistance des massifs et de la gradation des âges. C'est là malheureusement ce qui manque en France à presque toutes nos futaies. Aussi est-il bien peu de forêts dans lesquelles l'âge d'exploitabilité soit fixé d'après des bases certaines, comme le seraient celles qui auraient été établies par les expériences dont j'ai exposé la théorie. Pour nos taillis, la recherche des lois d'accroissement eût été bien plus facile. Pourtant elle n'a été faite que très-exceptionnellement. Nous verrons au surplus qu'elle est bien loin d'avoir une aussi grande importance que dans les futaies.

Des tables de production résultant d'expériences effectives et qui indiqueraient, pour des conditions déterminées de végétation, la marche que suit l'accroissement des principales essences de notre sol forestier, constitueraient un précieux document, et il serait très-désirable que l'on s'en occupât. L'administration seule pourrait entreprendre un travail de cette nature. Ce ne serait, il est vrai, pas trop d'un siècle pour le terminer ; mais les résultats immédiats auxquels l'état actuel de nos forêts permettrait d'arriver, seraient déjà d'un grand intérêt et d'une grande utilité pour la détermination de l'exploitabilité dont nous nous occupons en ce moment. Ces études que je conseille, l'administration forestière badoise les a commencées depuis longtemps dans les forêts dont la gestion lui est confiée. Elles ne sont donc pas impossibles.

Mes lecteurs s'effrayeront peut-être de la multitude de comptages et de calculs que semble comporter la recherche de l'exploitabilité absolue ; et se défieront de la possibilité d'arriver dans ces évaluations à un degré suffisant d'exactitude. — Ces appréhensions ne seraient pas fondées : dans la pratique, la phase de la végétation sur laquelle portent les expériences, est singulièrement réduite, soit par le choix du mode d'exploitation, soit par les exigences de la culture ; et pour ce qui est de la précision des cubages, ceux-là seuls pourraient en douter, qui ignorent les procédés de la dendrométrie. L'emploi de ces procédés est expéditif et sûr, — c'est ce qui est prouvé par les exploitations faites dans diverses forêts, conformément à la possibilité résultant des cubages d'aménagement. Ainsi, dans la forêt de Haguenau, le produit des coupes de la première décennie a cadré parfaitement avec la possibilité déterminée par l'aménagement. Il en a été de même dans la forêt de Cerisi (Calvados), et il en sera

de même toutes les fois que les comptages et cubages
seront faits par des agents attentifs.

Au reste, on aurait grand tort de contredire l'utilité
d'un principe, en alléguant les difficultés de son application. En sylviculture, comme dans toutes les sciences
et dans tous les arts spéciaux, la pratique parvient rarement à réaliser, à appliquer exactement, complétement,
les enseignements de la théorie. Ce n'est pas une raison pour qu'elle les repousse, et celui qui s'inscrirait
en faux contre les principes de l'aménagement des
forêts, par cette seule raison qu'ils ne trouvent pas toujours leur application, ne serait pas plus sage que le mé-
canicien qui nierait l'utilité de la mécanique rationnelle, parce que les données qu'on y trouve sur la
résistance des matériaux, ne sont pas toujours d'accord
avec les résultats des épreuves que l'on fait subir à ces
derniers.

§ 3.

Utilité pratique de l'exploitabilité absolue.

J'ai fait remarquer, au début de mon travail, que
le profit qu'on pouvait retirer de l'exploitation forestière, servait de fondement aux règles qui régissent
cette exploitation. Mais il n'y a profit que là où il y a
utilité produite, et comme je n'ai pas tenu compte
jusqu'ici de cette utilité, on pourrait douter de l'importance des longues considérations dans lesquelles

je suis entré, au sujet d'une exploitabilité dont les avantages, pour la satisfaction de nos besoins, sont demeurés indéterminés.

La quantité plus ou moins grande des produits matériels qu'un bois est susceptible de fournir annuellement, serait dépourvue de tout intérêt, si elle était indépendante de l'utilité et de la valeur de ces produits; elle ne mérite d'être prise en considération que parce qu'elle a des rapports plus ou moins directs avec cette utilité et cette valeur; on s'étonnera donc peut-être que je n'aie pas pris ces rapports pour point de départ de mes études.

Je ne l'ai pas fait, parce que j'ai présumé que la clarté de mes déductions en souffrirait.

Je reconnais, sans doute, que réduite à elle-même, envisagée isolément, la théorie de l'exploitabilité absolue serait une pure abstraction, comparable à un chiffre qu'on aurait séparé de l'objet auquel il empruntait sa signification; mais nous verrons plus tard que l'utilité et la valeur des produits ligneux sont, dans beaucoup de cas, proportionnelles à leur quantité, et qu'en conséquence, la théorie de l'exploitabilité absolue est souvent admissible. Elle exige d'ailleurs qu'on précise la marche de la végétation, qu'on en fasse connaître les lois et les résultats matériels, et ce sont là des données dont on ne saurait se priver, quels que soient le but que l'on se propose et les moyens que l'on préfère pour y arriver. Il n'était point, enfin, sans importance d'avoir un terme de comparaison aussi fixe que possible pour les exploitabilités de différentes natures que j'avais à étudier, et il n'en existait pas, ce semble, de meilleur que l'exploitabilité absolue.

ARTICLE II.

DE L'EXPLOITABILITÉ RELATIVE AUX PRODUITS LES PLUS UTILES.

L'exploitabilité relative à la production la plus utile, est celle dont il est le plus difficile de préciser l'époque. Il ne suffit pas, comme on pourrait le croire au premier abord, de transformer en marchandises, les produits des arbres d'expérience ou des places d'essai, pour juger ensuite, d'après le prix de ces marchandises, de leur utilité respective. Ce prix est, sans doute, un élément d'appréciation ; mais on ne doit en user qu'avec réserve, sous peine de s'exposer à de grossières erreurs.

L'utilité des choses est, en effet, loin d'être toujours proportionnelle à leur valeur. Le bois de houx qui, tous les forestiers le savent bien, est une essence digne de fort peu d'intérêt, se paye sur place, dans telle forêt que je pourrais citer, jusqu'à 250 fr. le mètre cube. Personne assurément ne s'aviserait de prétendre qu'à un point de vue général, ce bois est aussi utile que le chêne qu'on vend en moyenne 40 à 50 fr. le mètre cube. Un même objet, qui vaut beaucoup aujourd'hui, vaudra peut-être très-peu demain, sans que son utilité ait cependant diminué. Enfin, il y a des utilités entièrement gratuites : l'air, l'eau, les bois aussi quelquefois.

On peut n'attendre de ces derniers que de l'agrément; s'ils en procurent, ils seront utiles; on peut en attendre une protection contre les vents, les avalanches, etc., etc. : ces bouquets de bois qui, sur les rampes escarpées de nos Alpes, ont pour destination de barrer les torrents, et de les éloigner des habitations qu'ils menacent d'emporter, rendent, sans contredit, de grands services, produisent des utilités; ces utilités n'ont pas de valeur vénale, et cependant, elles sont incontestables.

Il est donc nécessaire de chercher une autre base que le prix, pour l'appréciation du maximum d'utilité des produits forestiers; mais où la trouver? Entre l'utilité du taillis qui sert de remise au gibier, et celle des forêts séculaires de nos hautes montagnes, dont la fonction est de garantir les contrées inférieures contre la fureur des éléments, combien n'y a-t-il pas d'autres services immatériels et souvent gratuits rendus par les bois, services s'appliquant au caprice, à l'agrément, à des besoins plus ou moins impérieux? Entre l'échalas qui sert de tuteur à la vigne et le mât de hune qui résiste à l'effort de la tempête, et sous lequel s'abritent les intérêts de notre commerce et quelquefois de notre gloire, combien ne pourrait-on pas compter de destinations différentes ayant chacune des avantages spéciaux? Où trouver un criterium, une mesure qui permette de classer tous ces services par rang d'importance?

Pour le vigneron, l'échalas est le plus utile de tous les produits. Pour celui qui manque de combustible, le fagot est bien plus utile que le plus beau bois des îles, si celui-ci n'est bon qu'à la fabrication des meubles. Pour le propriétaire qui veut faire argent de ses produits, le bois le plus cher est le plus avantageux.

On voit toutes les raisons qui s'opposent à ce qu'on fixe des règles pour juger de l'exploitabilité relative aux produits les plus utiles. Cependant, on peut admettre en principe, qu'à un point de vue général et sauf de rares exceptions, les arbres les plus utiles sont ceux qui ont les dimensions les plus grandes et les propriétés mécaniques ou physiques les plus développées.

Les dimensions ont sur l'utilité d'un morceau de bois une influence bien évidente, puisque c'est d'elles que dépend le nombre des usages auxquels il est possible de l'affecter; et il est clair, par exemple, qu'à volume égal, du rondin de chêne propre au chauffage seulement, sera moins utile que du bois de la même essence, mais beaucoup plus gros, dont on tirera du bois de chauffage, du bois d'œuvre, du bois de charpente.

Le développement des propriétés mécaniques et physiques n'a pas une moins grande influence; or, l'expérience tend à prouver que la puissance calorifique,

la densité, la cohésion et l'élasticité, suivent une
marche ascendante jusqu'à un âge avancé, qui ne s'é-
carte pas beaucoup de celui qui correspond au plus
grand accroissement moyen ; d'où il résulte qu'à dimensions égales, du bois de 20 ans est moins précieux
que du bois de 100 ans.

Henri Cotta raconte, quelque part, que dans la
Suisse saxonne, des habitations ont duré 20 ans à peine,
parce qu'on y avait employé de jeunes bois, tandis que
des édifices construits, il y a plus de 100 ans, avec des
bois âgés, sont encore dans un parfait état de conservation. Ce fait est frappant ; il montre à quelle perte
énorme d'effet utile on s'expose par des exploitations
prématurées.

Je faisais observer, dans l'article précédent, qu'il
serait très-désirable que l'on s'occupât activement de
la formation de tables de production indiquant, pour
des conditions déterminées de végétation, la marche
de l'accroissement des principales essences de notre
pays. Il ne le serait pas moins que l'on établît, par des
expériences consciencieuses, l'influence que l'âge, le
sol, le climat et le mode d'exploitation, exercent sur les
qualités de ces essences. Le chêne de la Meurthe est
moins estimé pour le chauffage que celui de la Bour-
gogne, en sait-on la raison ? Le chêne du nord dure,
dit-on, beaucoup moins que celui du midi ; on assure
que les vaisseaux construits avec le premier, sont hors
de service au bout de 7 ou 8 ans, en moyenne, tandis
que ceux qui sont construits avec du bois de Pro-

vence, se conservent plus de 15 ans. Certes, ce sont là des assertions qui réclameraient une sérieuse vérification. Quels services l'administration ne rendrait-elle pas à l'État, au commerce, à l'industrie, si elle pouvait dire : Dans cette région, le bois est propre à tel usage; il se distingue dans celle-ci par telle qualité? etc...

Il existe bien quelques principes relativement aux influences que je voudrais que l'on étudiât, mais ils ne reposent que sur des observations fort incomplètes et rarement comparables entre elles.

Les bois de grandes dimensions ne sont pas seulement recommandables par la variété et l'importance des usages auxquels ils peuvent servir; ils le sont également par les éléments de bien-être que forment, pour la classe ouvrière, les nombreuses manipulations auxquelles ils donnent lieu.

L'exploitabilité relative aux produits les plus utiles est, en définitive, susceptible de varier suivant une foule de circonstances que je ne me flatte même pas d'avoir énumérées, et de se présenter tantôt avant, tantôt après l'exploitabilité absolue ; il faut 10 ans pour faire un cercle; il en faut 250 pour que le pin de Riga puisse faire un mât de vaisseau.

Néanmoins, cette exploitabilité correspond à un âge qui ne saurait, dans la plupart des cas, s'éloigner beaucoup de celui du plus grand accroissement moyen.

Lorsqu'on recherche les dimensions que doivent avoir les bois pour atteindre leur maximum d'utilité, il importe de ne pas perdre de vue que l'utilité n'existe, que tout autant qu'elle peut être mise à la portée du consommateur.

L'état des voies de vidange est donc appelé à influer singulièrement sur le résultat de cette recherche.

Que si l'on ne considérait l'exploitabilité relative aux produits les plus utiles, que dans ses rapports avec l'intérêt du propriétaire qui ne consomme pas son bois et qui le vend, on pourrait regarder le prix de ces produits comme l'expression exacte de leur utilité ; et, par suite, l'exploitabilité dont nous venons de nous occuper, se confondrait avec celle du plus grand produit pécuniaire, dont je vais parler.

ARTICLE III.

DE L'EXPLOITABILITÉ RELATIVE AU PLUS GRAND PRODUIT EN ARGENT.

La marche à suivre pour déterminer l'âge auquel il faut abattre des bois, quand on veut en retirer le plus grand produit en argent n'est pas embarrassante, du moment que l'on est fixé sur les rendements, en matière et en marchandises, des arbres d'expérience ou des places d'essai. Les prix du commerce appliqués à ces marchandises, défalcation faite des frais d'exploitation, de façon et de transport (1), établiront exactement leurs valeurs ; les quotients de ces valeurs par les âges correspondants, donneront les revenus moyens, et le plus grand de ces quotients indiquera l'époque de l'exploitabilité cherchée.

La chose importante, dans cette opération, afin d'éviter les erreurs, est d'apprécier sainement le prix vénal d'une marchandise dans les éléments qui le constituent ; or, cela n'est pas facile, car le prix du bois est exposé à de très-grandes fluctuations, et il s'agit, au cas particulier, d'adopter non le prix du jour, le prix accidentel ; mais le prix moyen, le prix normal. Quelques exemples feront mieux comprendre ma pensée :

J'ai cité, tout à l'heure, le prix du houx comme un exemple de la valeur excessive que pouvaient atteindre des objets d'une utilité plus que contestable d'ailleurs. Eh bien ! si le bois dont on voudrait régler l'exploitation, renfermait des sujets de cette essence, en conclurait-on qu'il convient de les propager ? — Une réponse affirmative serait une erreur grave ; car ce prix élevé tient précisément à la rareté de l'essence en question, aux soins que, dans l'intérêt de la sylviculture, on apporte à l'extirper, et il est compréhensible

---

(1) Dans l'évaluation des frais de transport, on tiendra compte de l'influence que l'amélioration des voies de vidange pourrait avoir sur ces frais.

que, pour peu qu'on en favorisât la multiplication, sa
cherté disparaîtrait. On fabrique, dans certaines localités, des allumettes avec du bois de tremble, et on en
tire, de cette manière, un excellent parti. Serait-ce
une raison pour convertir nos forêts en trembles? —
Évidemment non, car il en serait du tremble comme
du houx; son prix ne tarderait pas à être avili.

Ce qu'il faut donc examiner avec attention, apprécier avec sagesse et prendre pour base de son évaluation, c'est l'importance des débouchés, qui seule peut
garantir le maintien du prix vénal, et rejeter dans les
considérations tout à fait secondaires, les circonstances
accidentelles et exceptionnelles, dont l'influence, sur
la valeur des produits, ne saurait être durable.

Si l'on suppose le prix du bois constant, c'est-à-dire
indépendant de l'âge, l'exploitabilité relative au produit pécuniaire le plus élevé, suivra les mêmes lois
que l'exploitabilité absolue. Elle se réaliserait au contraire plus ou moins longtemps après, dans l'hypothèse
où le prix du bois s'élèverait avec l'âge; et plus ou
moins longtemps avant, dans le cas où ce prix subirait
une diminution, malgré le mouvement ascendant de
la végétation.

ARTICLE IV.

DE L'EXPLOITABILITÉ RELATIVE AU RAPPORT LE PLUS ÉLEVÉ ENTRE LE REVENU ET LE CAPITAL.

§ 1er.

Considérations générales sur la valeur et le profit des capitaux, et spécialement des fonds de bois.

Nous n'avons examiné, jusqu'à présent, l'exploitabilité forestière, qu'au point de vue de la quantité, de l'utilité et de la valeur absolue des produits. La quantité et l'utilité des choses intéressent presque exclusivement le consommateur; leur valeur touche surtout le producteur; mais ce qui lui importe principalement, c'est le rapport qui existe entre cette valeur et le capital dont elle émane; aussi, les spéculateurs qui ont à faire emploi d'un capital pécuniaire, cherchent-ils à l'affecter à l'entreprise qui leur promet le bénéfice le plus grand, c'est-à-dire un profit qui soit avec le capital dans le rapport le plus élevé possible. Cette préoccupation légitime se rencontre chez le propriétaire de bois, et l'on conçoit qu'on ne puisse y satisfaire qu'en recourant à une exploitabilité bien différente de celles que nous avons étudiées précédemment.

On a souvent défini l'exploitabilité dont il s'agit : *l'exploitabilité relative à la rente la plus élevée.*

J'adopterai aussi cette définition, quoiqu'elle ne soit peut-être pas irréprochable.

Ce qui caractérise l'exploitabilité qui va faire l'objet de notre examen, c'est donc l'intervention de la valeur capitale parmi les éléments à prendre en considération, quand on veut déterminer l'âge auquel il convient d'abattre des bois. Nous ne nous sommes encore occupé que du produit, sans songer à l'agent de production et au prix qu'on y attache dans les transactions commerciales ; or, cet agent a, comme les autres capitaux, une valeur commerciale, et il ne saurait dès lors être négligé par le spéculateur qui se propose de fixer, pour l'exploitation, l'époque la plus favorable à ses intérêts.

Je dis que les capitaux ont une valeur commerciale ; pour l'intelligence de ce que j'aurai à exposer relativement aux fonds de bois, il est nécessaire de rappeler comment se constitue et fonctionne cette valeur.

On désigne sous le nom de *capitaux* toutes les choses, tous les objets qui servent ou qui contribuent à la production ; ce sont donc en général des instruments de travail ; leur valeur repose sur les services productifs qu'ils sont susceptibles de rendre ; elle s'établit, dans le commerce, d'après un rapport convenu entre le profit net et le prix de l'instrument qui l'engendre. Ce rapport varie suivant des circonstances nombreuses dont les principales sont la sécurité du placement et l'abondance des capitaux disponibles ; mais il ne descend guère au-dessous de 2 1/2 pour 100, tandis qu'il peut s'élever beaucoup plus haut.

Les fonds de terre participent de la nature des capitaux, et dans le langage ordinaire, on s'accorde à les ranger dans la même catégorie.

Qu'est-ce que le profit net?—C'est, selon moi, l'excédant du produit pécuniaire sur les frais de production (1), d'où il résulte que les capitaux dont les services productifs seraient juste suffisants pour couvrir les frais de production, n'auraient aucune valeur commerciale, ce qui, soit dit en passant, ne les empêcherait pas d'être souvent fort utiles. Ainsi, qu'on suppose un fonds de terre dont le produit suffirait à peine à l'entretien du cultivateur et de ses instruments de travail, il est clair que, commercialement, ce fonds sera sans valeur ; mais dès qu'il y a un profit net quelconque, la valeur capitale surgit, et pour l'apprécier, pour la déterminer, il n'y a qu'à multiplier ce profit par le facteur exprimant la relation convenue dont je viens de parler, la relation consentie entre le profit net et le prix de l'agent qui sert à le produire. Pour une terre arable, le profit net sera multiplié par 40 ; pour un bois, par 33 ; pour un capital employé à l'armement d'un navire, par 15, etc.

Ce profit net qui sert à l'évaluation des capitaux, indique en même temps ce qu'ils coûtent à l'industriel qui ne demande que la faculté d'en user, et il porte alors le nom générique d'intérêt (comprenant le loyer, le fermage, etc.). On suppose, en effet, que ce profit net est la conséquence nécessaire de l'intervention du

---

(1) Il est bien entendu que dans ces frais est compris le bénéfice de l'entrepreneur, quand il y a un entrepreneur.

capital, qu'il lui est, en quelque sorte, inhérent, et qu'il est dû, dès lors, au propriétaire, soit que celui-ci emploie lui-même son capital, soit qu'il le fasse fructifier par d'autres mains. Il se pourrait certainement que l'emprunteur ne trouvât point dans les services du capital qu'on lui aurait prêté, cet excédant qui constitue le revenu du propriétaire. Cela ne prouverait rien contre ce que j'ai avancé à propos des rapports qui existent entre les profits nets et les capitaux. Cela prouverait seulement que le capital dont il s'agit aurait été surévalué ou mal exploité.

D'après ces considérations, la valeur d'un capital ne tiendrait pas à celle de ses parties intégrantes; elle serait intangible, extrinsèque, elle se lierait au revenu; elle diminuerait et progresserait avec lui.

Il est cependant connu de tout le monde que la valeur commerciale d'une forêt, n'est pas toujours avec le revenu net qu'on en retire, dans le rapport adopté pour les placements de l'espèce, et qu'elle dépasse quelquefois le chiffre que l'on obtient par la capitalisation de son revenu au taux desdits placements.

D'où cela provient-il? Comment concilier ce fait incontestable avec la proposition précédente?

Essayons de répondre à ces questions:

Parce que le revenu net sert de fondement au prix que l'on attache à un capital, ce n'est pas nécessairement une raison pour que le revenu étant nul, les objets qui constituent le capital soient frappés de non-valeur; ils ne le seraient que dans l'hypothèse où ils ne pourraient être soustraits à la destination qu'on leur avait donnée, pour être affectés à un autre emploi. Voici des pierres, du fer, du bois avec lesquels on a construit une maison : si cette maison ne se louait à aucun prix, elle perdrait toute valeur comme capital-maison, capital immobilier ; mais les matériaux dont elle se compose, séparés les uns des autres, rentreraient dans la catégorie des produits, reprendraient ainsi une partie de leur valeur primitive, et pourraient, sous une autre forme, fonctionner comme capital.

Veut-on encore un exemple? — Il nous est fourni par un bateau que l'on aurait transporté dans l'intérieur des terres. Sur le bord de la mer, ce bateau constituait un capital précieux ; dans les conditions où on l'a placé, il a perdu comme capital-bateau toute valeur, et, cependant, il est probable qu'on en tirera quelque profit en le dépeçant.

Les choses qui fonctionnent comme capital, peuvent donc avoir et ont en effet, presque toujours, une valeur propre, indépendante de celle qu'elles empruntent à leur fonction ; mais la première est ordinairement beaucoup plus petite que la seconde, et, par conséquent, elle ne saurait exercer aucune influence sur le prix qu'on attache à ces choses dans les transactions commerciales.

Les bois seuls peut-être font exception à cette règle.

Si le fonds de bois était fixe, voué à l'immutabilité, il est certain que son prix vénales réglerait invariablement comme celui des autres caupitaux et particuliè-

rement des fonds de terre, d'après son revenu net ;
mais le fonds de bois peut, dans une très-grande mesure, être transformé : de fixe, il peut devenir circu-
lant ; d'immeuble il peut devenir meuble, et ces propriétés qu'il possède à un degré exceptionnel, lui
donnent une valeur intrinsèque, pour ainsi dire, indépendante du revenu qu'on en retire, et qui est susceptible de s'élever, au point de dépasser le chiffre que
l'on obtiendrait, en multipliant ce revenu par le denier des placements en bois. Comment s'établit cette
valeur? — C'est bien simple : d'après l'usage que l'on
ferait de la portion du capital que l'on aurait mobilisée.
On sait, par exemple, que l'intérêt des capitaux qui se
prêtent dans le commerce, aux mêmes conditions de solidité que celles des placements en bois, est de 3 pour 100.
Eh bien ! si le revenu net d'une forêt descendait au-dessous du profit qu'on retirerait de cette forêt, en transformant sa superficie en argent, il y aurait, à faire cette
transformation, un avantage aisément appréciable.

Le point que j'essaye d'éclairer est véritablement la
clef de la théorie de l'exploitabilité relative à la rente la
plus élevée. Qu'on me permette donc d'insister, et de
montrer en quoi la formation du capital-forêt diffère
de celle des autres capitaux, et notamment des fonds
de terre.

Le propriétaire d'une terre arable consomme ordinairement le revenu net qu'il en retire, et ne se soucie guère de le faire fructifier. Supposons, cependant,
que sa position de fortune et ses goûts lui donnent la

possibilité et lui inspirent le désir de l'utiliser ; supposons aussi qu'à raison de la solidité du placement, il soit disposé à se contenter de l'intérêt qui correspond au taux des placements en fonds de terre. Pour parvenir à ses fins, il peut faire l'une ou l'autre des deux opérations suivantes : ou bien augmenter par une nouvelle acquisition l'étendue de ses propriétés, ou bien améliorer celles qu'il possède déjà. Il choisira probablement ce dernier moyen, parce qu'il est plus commode, si en employant son revenu à des améliorations, il prévoit qu'il augmentera son fermage d'une quantité égale à l'intérêt de ce revenu ; et il continuera, chaque année, le même emploi, jusqu'au moment où l'augmentation du profit net cessera de compenser la perte d'intérêt du revenu.

A partir de ce moment, il cherchera pour ses revenus une autre destination ; il s'en servira, par exemple, pour augmenter l'étendue de ses biens-fonds.

Le propriétaire d'une forêt ne doit pas agir différemment ; pour lui, l'accroissement d'une année, c'est le revenu ; il ne consentira à l'immobiliser, à l'incorporer au capital, que dans le cas où l'accroissement de l'année suivante lui offrira un dédommagement.

Jusque-là, les deux capitaux, fonds de terre et fonds de bois, donnent lieu à des spéculations identiques ; mais ce qui distingue le fonds de bois de la terre arable, c'est que, dans celle-ci, le revenu incorporé au capital ne se retrouverait plus, si une augmentation proportionnelle du revenu net ne se produisait pas (1); tandis que, pour le fonds de bois, il se conserve et se retrouve, lors même que son immobilisation ne procure pas les avantages qu'on en attendait. Le propriétaire d'une forêt ne perd dans ce cas que l'intérêt de son revenu ; seulement, il arrive que le rapport du revenu au capital engagé dans cette forêt, descend au-dessous du taux des placements, qui sont dans les conditions de solidité que ledit propriétaire recherche ; et dès lors il convient à ce dernier de distraire de son capital engagé, toute la portion qu'il considère comme inerte, comme dormante, en ce sens qu'elle ne produit pas un revenu équivalent à l'intérêt qu'elle comporte.

Ces considérations générales prouvent que la valeur d'un fonds boisé, peut être plus grande que celle qu'on obtiendrait, en capitalisant le revenu net au taux des placements ; elles prouvent que le rapport entre ce revenu et cette valeur peut être moins grand que celui admis pour les profits et les capitaux de l'espèce. Il existe, par conséquent, des bois dont il est permis de dire qu'ils ne rapportent que 2, que 1 pour 100. En existe-t-il qui rapportent plus de 3 pour 100, en supposant que 3 pour 100 soit le taux ordinaire des placements en fonds boisés ? — Non, car

---

(1) J'ose affirmer qu'il n'est pas un champ en France, qui vaille ce qu'il a coûté, qui puisse s'échanger contre autant de travail qu'il en a exigé pour être mis à l'état de productivité où il se trouve.

(BASTIAT, *Harmonies économiques*.)

si en s'appuyant sur les propriétés qui permettent de soustraire une partie d'un bois à sa destination, on parvient, dans certaines circonstances, à faire accepter ce bois pour une valeur plus grande que celle qui résulterait de la capitalisation de son revenu net, on rirait évidemment au nez de l'acquéreur qui se fonderait sur ces propriétés, pour payer un bois au-dessous de sa valeur capitale.

En résumé, la valeur commerciale d'un fonds boisé peut se régler d'après un taux inférieur au taux de placement des capitaux de cette nature ; elle ne peut pas se régler à un taux supérieur ; et ce que je veux, en exposant la théorie de l'exploitabilité relative à la rente la plus élevée, c'est indiquer les moyens de faire fonctionner la propriété forestière, d'après le taux de placement qu'on accorde aux capitaux, qui présentent les mêmes conditions de solidité et les mêmes avantages qu'elle.

Entrons maintenant en matière :

J'examinerai successivement l'exploitabilité relative à la rente la plus élevée, dans son application, à un arbre isolé, à un massif non aménagé, et à un massif aménagé.

§ 2.

De l'exploitabilité relative à la rente la plus élevée, dans son application à un arbre isolé.

Il y a deux suppositions à faire, savoir : 1° celle où cet arbre occuperait une place vague, impropre à une autre culture que celle des bois, et lui offrant gratuitement l'espace que réclamerait son développement; 2° celle où il serait, au contraire, situé dans un champ sur lequel il ne pourrait pas s'étaler, sans diminuer proportionnellement l'étendue des cultures arables.

Première hypothèse. — L'arbre a atteint l'âge où il commence à avoir une valeur échangeable, — il a quinze ans, doit-on le couper ou le laisser sur pied? — Dès que l'on pose cette question, l'on admet, — chose essentielle, — que les conditions d'aisance du propriétaire lui permettent d'épargner au moins une partie de son revenu annuel, et que s'il exploitait son bois aujourd'hui, ce ne serait pas pour en dépenser le prix. Ce qu'il cherche donc, c'est le placement le plus avantageux, et il le cherchera jusqu'à ce que les exigences de la vie, l'empêchent de continuer ou le forcent de diminuer ses épargnes.

Si son arbre reste sur pied pendant encore un an, par exemple, il acquerra une plus-value. Cette plus-value sera-t-elle au moins équivalente au profit que lui procurerait une exploitation immédiate? — C'est là ce qu'il veut savoir; il y parviendra en comparant la valeur nette que son arbre serait susceptible d'acquérir dans un an, à la somme représentant: 1° la valeur nette actuelle; 2° l'intérêt de cette valeur pendant un an; 3° la valeur, à un an, du jeune plant qui remplacerait l'arbre existant.

Si le premier terme de la comparaison était plus petit que le second, il faudrait en conclure que tout délai dans l'exploitation serait préjudiciable au propriétaire.

Si les deux termes étaient égaux, ce propriétaire ne trouverait aucun bénéfice dans le maintien sur pied de son arbre, mais il n'en éprouverait aucune perte.

Enfin, si le second terme était plus grand que le premier, l'avantage du retard dans l'abattage de l'arbre, serait évident.

Deuxième hypothèse. — Pour un arbre situé dans un champ cultivé, le raisonnement qui sert à la détermination de l'exploitabilité, ne diffère du précédent, que parce qu'ici la situation se complique d'une circonstance nouvelle : le préjudice causé aux cultures arables, préjudice qui s'agrandit chaque année, et qui peut se calculer d'après le loyer ou le fermage, le profit net, enfin, du fonds de terre que le développement des branches ou des racines de l'arbre enlève successivement à la culture. Ce profit net doit donc être compris dans les déductions à faire subir au prix de l'arbre sur pied, afin d'en avoir la valeur nette ; et, par conséquent, pour qu'il soit avantageux de retarder l'exploitation, il faut que la plus-value résultant de ce retard, soit équivalente, au moins, à l'intérêt de la valeur nette actuelle, augmenté de la valeur d'un jeune plant d'un an, et de la somme exprimant le surcroît de préjudice causé aux cultures.

On obtiendrait plus rapidement la solution du problème, en assimilant les valeurs nettes d'un arbre isolé, aux époques successives de sa croissance, à des rentes périodiques dont on chercherait ensuite, par les formules connues, les capitaux. Au capital le plus grand correspondrait l'exploitabilité la plus avantageuse.

§ 3.

De l'exploitabilité relative à la rente la plus élevée, dans son application à un massif non aménagé.

Le massif peut être soumis à une longue ou à une courte révolution ; être destiné à subir des éclaircies, avant d'arriver au dernier terme de sa croissance ; ou, si la révolution est très-courte, être affranchi de ces exploitations intermédiaires.

Ce dernier cas étant le plus simple, c'est celui dont nous nous occuperons d'abord ; mais l'analogie est complète entre un massif, que l'on n'éclaircit pas, et un arbre isolé, et l'on devine, par suite, que les éléments à apprécier, pour fixer l'âge de leur exploitabilité respective, doivent être absolument les mêmes. L'exploitabilité du massif sera donc indiquée, comme celle de l'arbre isolé, par l'âge au delà duquel la plus-value résultant du maintien du bois sur pied, ne serait plus égale à l'intérêt de la valeur nette actuelle, augmenté de la valeur de la première *feuille* ou *des feuilles* (1) qui se seraient accumulées, depuis l'exploitation, dans le repeuplement.

Si la révolution dépasse un certain terme, il con-

____

(1) On appelle *feuille* le recrû, la pousse d'une année.

viendra d'effectuer des éclaircies périodiques dans le peuplement, et j'ai dit que les produits matériels de ces opérations avaient pour effet de rapprocher le terme de l'exploitabilité absolue, c'est-à-dire du plus grand accroissement moyen. Ils auront donc aussi, sur l'époque de l'exploitabilité commerciale, une influence qu'on appréciera, en ajoutant à la valeur nette présumée de la coupe principale, le prix sur pied de chacune des éclaircies précédemment effectuées, augmenté de ses intérêts pendant le temps qui se sera écoulé, depuis le moment où il aura été réalisé, jusqu'à celui où l'on cherche s'il serait utile de procéder à la coupe principale.

Qu'on se soit, par exemple, posé la question de savoir, s'il serait avantageux de retarder d'une année la coupe d'un taillis de 30 ans, qui aurait subi une éclaircie 10 ans auparavant : on ajoutera à la valeur nette S de ce taillis de 30 ans, la somme représentative du prix sur pied de l'éclaircie à **20** ans, augmenté de ses intérêts pendant **10** ans ; puis, on se demandera si la plus-value que le taillis serait susceptible d'acquérir, en restant un an de plus sur pied, équivaudrait au moins à l'intérêt de la valeur S, augmenté de la valeur de la première feuille.

Il n'y a d'embarrassant dans les calculs concernant l'exploitabilité relative à la rente la plus élevée, quand on est fixé, d'ailleurs, sur le taux du placement, que la valeur du jeune plant ou du jeune repeuplement destiné à remplacer l'arbre ou le massif dont l'exploitabilité est mise en question : mais en y réfléchissant avec soin, on comprendra qu'elle ne peut être exprimée exactement que par la somme qui, s'ajoutant à elle-même, d'année en année, et croissant à intérêts, serait susceptible de reproduire la valeur nette de cet arbre ou de ce massif, à l'expiration d'une période égale à son âge actuel.

Varenne de Fenille estime que la perte résultant de la non-reproduction, est égale au quotient de la valeur du peuplement exploitable, par le nombre d'années de son âge. Cette manière de voir ne serait logique que si l'on faisait abstraction de l'intérêt des capitaux ; or, c'est précisément cet intérêt qui est le point d'appui de l'exploitabilité relative à la rente la plus élevée ; c'est sur cet intérêt que repose la valeur capitale à laquelle on compare le revenu ; il ne saurait être passé sous silence.

Qu'est-ce que la reproduction de la première année? C'est la première feuille, c'est le premier revenu annuel du fonds de bois. Que l'on assimile ce fonds de bois à une somme d'argent placée ou à un fonds de terre, une accumulation déterminée de ses revenus, se constituera de la même manière, qu'une égale accumulation des intérêts de la somme d'argent ou des rentes du fonds de terre. Choisissons celles-ci pour exemple : si le propriétaire les fait fructifier pendant 14 ans, quelle somme obtiendra-t-il par ces épargnes successives ? — Pour le savoir, il faut ajouter à la rente de la 1re année, augmentée de ses intérêts pendant

14 ans, celle de la 2ᵉ année, augmentée de ses intérêts pendant 13 ans, celle de la 3ᵉ année, augmentée de ses intérêts pendant 12 ans, ainsi que les 12 autres rentes, bonifiées de leurs intérêts pendant le nombre d'années compris entre leur échéance et le terme de leur placement.

Ce qu'on fait pour le fonds de terre, on doit le faire pour le fonds de bois. La perte résultant de la non-reproduction, qui est égale à la valeur de la première feuille, ne peut donc, rigoureusement, être représentée que par l'annuité qui, s'ajoutant successivement à elle-même et croissant à intérêts, reproduirait, dans le laps de temps indiqué par l'âge du peuplement exploitable, la valeur nette de ce peuplement.

Quant à cette valeur nette, elle s'établira en retranchant du prix de l'arbre sur pied : 1° les frais accumulés des impôts de toute nature; 2° les frais accumulés de garde, d'entretien et d'assurance, s'il y a lieu; 3° les frais de repeuplement dans le cas où ils ne seraient pas mis en charge sur la vente. Il n'y a pas à se préoccuper du capital plus ou moins grand que le propriétaire aurait engagé dans l'acquisition du terrain; car il ne s'agit pas ici de rechercher si un propriétaire a fait une spéculation bonne ou mauvaise en boisant une partie de sa propriété; il s'agit seulement de lui indiquer les moyens de tirer le plus grand profit des bois qu'il possède, en lui montrant à quel âge il doit les exploiter pour que leur rendement soit, par rapport à leur valeur commerciale, élevé au maximum.

Je dirai, en passant, que si l'on comprenait, dans le calcul, les intérêts du capital engagé, on aurait pour la valeur nette à l'époque d'exploitabilité, une expression souvent nulle et quelquefois négative, et cela s'explique, puisque cette valeur représente précisément ces intérêts.

Les déductions que j'ai énumérées, sont celles qui constituent les avances obligatoires faites par le propriétaire, les avances auxquelles l'acquéreur ne pourrait pas non plus se soustraire, et sans lesquelles la valeur commerciale de l'immeuble ne saurait être déterminée.

Il va sans dire que ces déductions ne sont point applicables aux produits des éclaircies.

Je me suis à dessein servi de ces termes *prix sur pied* pour exprimer le rendement des éclaircies, au lieu d'employer les mots *valeur nette*, afin qu'on évite de retrancher de ce prix les frais d'impôt et de garde, d'entretien et d'assurance, qui ne doivent être déduits que de la valeur brute des coupes principales, sous peine de donner lieu à un double emploi.

Il va sans dire aussi que pour les arbres épars dans les champs cultivés, il n'y a pas à tenir compte de l'impôt foncier, puisqu'il est compris dans les déductions opérées pour fixer le revenu net de la portion, de plus en plus grande, du terrain que le développement de ces arbres enlève successivement à la culture.

On s'attend peut-être, maintenant, à ce que je fasse connaître mon avis sur le taux de placement que l'on doit adopter dans les calculs qu'entraîne la fixation de l'exploitabilité commerciale. Le moment, pour cela, n'est point venu, et je prie mes lecteurs de suspendre leur impatience, s'ils sont assez bons pour en avoir. Nous sommes aujourd'hui en pleine théorie ; n'y mê- lons pas des questions de fait, variables et indépendantes des principes. Le taux des placements est plus élevé en France qu'en Angleterre; il l'est moins en France qu'en Russie. La théorie que je développe s'applique à tous les pays. Je me bornerai à faire observer, dès à présent, parce que c'est encore là un principe, que le taux de placement adopté pour les valeurs qu'on engage dans la production forestière, doit l'être également pour celles qu'on en dégage, afin de leur donner une autre destination. Avances faites, produits réalisés, le taux de placement appliqué à l'accumulation de toutes ces valeurs ne peut être modifié, si l'on ne veut pas s'é- carter du but qu'on se propose d'atteindre. Le taux des placements en bois étant de 3 pour 100, si on allait choisir un taux plus élevé, pour l'accumulation des intérêts, à laquelle on aurait à comparer la plus-value des bois laissés sur pied, on sortirait des conditions du problème; l'exploitabilité relative à la rente la plus élevée serait livrée à toutes les chances aléatoires de la spéculation et deviendrait *indéterminable*.

§ 4.

De l'exploitabilité relative à la rente la plus élevée, dans son application
à un massif aménagé.

J'ai déjà prouvé que les calculs de l'exploitabilité correspondante au plus grand accroissement moyen, soit en matière soit en argent, sont aussi bien applicables aux forêts aménagées qu'à celles qui ne le sont pas; de sorte que l'exploitabilité absolue, dans ce dernier cas, ayant été fixée, par exemple, à **120** ans, on devrait en conclure qu'une forêt aménagée, qui serait d'ailleurs placée dans des conditions semblables de végétation, fournirait chaque année le produit le plus avantageux, si elle était partagée en **120** coupes de **1** à **120** ans. Ce principe est indépendant de la nature de l'exploitabilité que l'on envisage, et je pourrais en conséquence me dispenser de rien ajouter à ce que j'ai dit sur la manière de procéder, pour déterminer l'époque de l'exploitabilité relative à la rente la plus élevée; mais les forêts aménagées se présentent avec des caractères spéciaux qui permettent, lorsqu'il s'agit d'en obtenir le rapport le plus élevé entre le revenu net et le capital, de recourir à des moyens moins compliqués que ceux dont on se sert pour les bois non aménagés :

Soit une forêt de **100** hectares, peuplée d'une essence susceptible de rester sur pied, sans dépérir. jusqu'à **100** ans ; on demande à quelle révolution il est nécessaire de l'assujettir, c'est-à-dire en combien de coupes il faut la partager, pour en retirer la plus grande rente ?

Si les bois n'avaient une valeur commerciale qu'à partir de l'âge de 15 ans, cette forêt pourrait être soumise à **86** révolutions différentes. Choisissons parmi ces révolutions celles de 100 ans, de 75 ans, de 50 ans et de **15** ans, et cherchons quelle serait la plus avantageuse.

Avec la révolution de 100 ans, le produit annuel se composera de la coupe âgée de 100 ans et des éclaircies et nettoiements des 99 autres coupes.

Avec la révolution de 75 ans, le produit annuel se composera de la coupe âgée de 75 ans et des éclaircies et nettoiements des 74 autres coupes.

Avec la révolution de 50 ans, le produit annuel se composera de la coupe âgée de 50 ans et des éclaircies des **49** autres coupes.

Avec la révolution de 15 ans, le produit annuel se composera de la coupe âgée de 15 ans et des éclaircies et nettoiements des 14 autres coupes.

Ces produits mis de côté, il restera dans chacun des aménagements prévus, un matériel sur pied très-variable suivant l'âge de la révolution, et permanent, indispensable pour alimenter la continuité du revenu annuel, la succession non interrompue des coupes. Chaque aménagement comporte un certain rapport entre le revenu net annuel et la valeur du matériel sur pied. C'est ce rapport qu'il faut établir d'abord, et cela fait, l'époque de l'exploitabilité la plus avantageuse se manifestera d'une manière évidente.

Un premier point à noter, c'est que, dans l'aménagement à 15 ans, la valeur réalisable du matériel sur pied, nécessaire pour assurer la perpétuité de la production, est nulle, puisque ce matériel comprend les 14 coupes de 1 à 14 ans, inclusivement, dont le peuplement n'a aucun prix vénal. La coupe à exploiter, la coupe âgée de 15 ans, a seule de la valeur. Avec cet aménagement, le rapport entre le revenu net et la valeur du matériel sur pied, est donc aussi grand que possible, puisqu'il est infini ; l'âge de 15 ans est donc une limite inférieure au-dessous de laquelle on ne saurait descendre dans la fixation de la révolution, sous peine de renoncer à tout profit. La valeur commerciale de la forêt aménagée à 15 ans repose exclusivement sur le revenu ; elle est égale à la capitalisation de ce revenu au taux des placements ; le revenu disparaîtrait, si l'on diminuait la révolution d'une quantité quelconque, et avec lui s'anéantirait la valeur capitale.

Une seconde remarque à faire, c'est que si, à partir de la révolution de 15 ans, on suit la marche progressive du capital obtenu en multipliant le revenu net par le denier des placements, et de la valeur du matériel sur pied que j'appellerai le capital *superficiel*, celle-ci, qui est nulle dans l'aménagement à 15 ans, s'augmente ensuite dans une proportion plus grande que l'autre, de sorte que, après lui être restée inférieure pendant quelque temps, elle devient son égale et le dépasse enfin de plus en plus. Cela se conçoit : le premier capital, que je distinguerai désormais par le mot *nominal*, est dans

un rapport constant avec le revenu ; or, le revenu ne
s'accroît point, au fur et à mesure qu'on élève l'âge de
la révolution, dans une aussi grande proportion que le
capital *superficiel*.

Nous ne nous éloignerons pas beaucoup de la possibilité des choses, en supposant que pour l'aménagement à **100** ans, le rapport du revenu au capital superficiel sera de **1 1/2** pour **100**; pour celui à **75** ans,
de **2** pour **100** ; pour celui à **50**, de **3** pour **100**... :
mais alors, et si l'on admet que **3** pour **100** soit le taux
des placements, en biens-fonds boisés, il est clair que
l'âge de **50** ans est une limite supérieure que l'on ne
pourrait dépasser dans le choix de la révolution, sans
se condamner à une perte d'autant plus forte que la
révolution serait plus longue.

15 et **50** ans, voilà donc les âges entre lesquels doit
se renfermer la révolution pour satisfaire au but que
l'on poursuit ! — Si l'on veut maintenant préciser le
terme intermédiaire auquel il convient de la fixer,
on poussera à leur dernière conséquence les considérations sur lesquelles on s'est appuyé pour réduire
la révolution de **100** à **75** ans d'abord ; puis, de
75 ans à **50** ans. Ces réductions successives pouvaient
avoir, il est vrai, pour résultat, de diminuer le revenu
net du fonds de bois ; mais elles étaient justifiées,
surabondamment, par l'intérêt seul de la portion de la
superficie dont elles permettaient la réalisation. On se
disait : Puisque l'intérêt du capital superficiel, réalisé
et placé dans les conditions désirables de solidité, sera

plus grand que le revenu que ce capital me fournit sous la forme où il est, il n'y a pas à hésiter, mon avantage me commande de changer cette forme. C'était là un raisonnement très-rationnel, d'une justesse incontestable, et qui peut se traduire ainsi : Il y a avantage à diminuer la révolution, lorsque l'amoindrissement du capital *superficiel* qui en est le résultat, doit être accompagné d'un amoindrissement moins grand du revenu net, ou, ce qui revient au même, du capital *nominal*, du capital obtenu par la capitalisation de ce revenu au taux des placements. Il ne pouvait y avoir doute à ce sujet, pour les révolutions supérieures à celle de 50 ans. Pour celles qui lui seraient inférieures, l'évidence n'existe plus au même degré ; mais il sera facile de la dégager si nous supposons qu'on soit fixé sur le capital *superficiel* et le revenu net correspondant, que comporte l'aménagement à un âge quelconque. En effet, pour reconnaître s'il y a ou non opportunité à adopter une révolution plus petite que celle de 50 ans, il suffira d'ajouter à l'intérêt de la somme que l'on réaliserait en raccourcissant la révolution, le revenu net que la forêt fournirait encore après ce raccourcissement, et de comparer le total au revenu net actuel.

Si l'âge de 50 ans était, par hasard, supérieur à celui correspondant au plus grand revenu moyen, la diminution de la révolution, tout en amoindrissant le capital *superficiel*, aurait pour effet d'augmenter le revenu, et, dans ce cas, cette diminution serait très-avantageuse.

Si le même âge de 50 ans était inférieur à celui du plus grand revenu moyen, la diminution de l'âge de la révolution entraînerait celle du revenu net annuel; mais il se pourrait que la différence entre le revenu qu'on aurait retiré jusqu'alors et celui qu'on retirerait désormais, fût plus que couverte par l'intérêt de la portion réalisée du capital *superficiel;* l'avantage d'une révolution plus courte, pour être moins grand que dans le premier cas, n'en serait pas moins réel.

Enfin, si cette différence précitée n'était pas compensée par l'intérêt de la portion réalisée du capital superficiel, ce serait une preuve que l'on ne pourrait pas baisser, sans préjudice, l'âge de l'aménagement.

En résumé, *il y a, dans le raccourcissement de la révolution et dans l'amoindrissement du capital superficiel qui en résulte, un point d'arrêt qui est indiqué par le moment où tout amoindrissement nouveau entraînerait une diminution plus grande du capital nominal, et, en conséquence, une diminution plus que proportionnelle du revenu net.*

L'exploitabilité relative au rapport le plus grand entre le revenu et le capital, est soumise à certaines lois dont plusieurs méritent d'être particulièrement signalées.

§ 5.

Lois auxquelles est soumise l'exploitabilité relative à la rente la plus
élevée.

1° *L'exploitabilité relative à la rente la plus élevée se
réalise presque toujours avant celle qui correspond au
plus grand accroissement moyen; elle est plus rapprochée
pour les arbres épars dans les champs cultivés, que pour
ceux qui sont situés dans les terres incultes, et moins
pour les massifs qui ne sont pas assujettis à des éclaircies périodiques, que pour ceux qui le sont.*

2° *Elle se fait d'autant moins attendre que les essences sont de moins bonne qualité, et moins susceptibles
d'acquérir de l'utilité et de la valeur en vieillissant.*

3° Enfin, et c'est le point le plus remarquable, *elle
est d'autant plus près de coïncider avec celle du plus
grand revenu moyen, que l'intérêt de l'argent est moindre; de sorte que cet intérêt étant nul, les deux exploitabilités se présenteraient à la même époque.*

Consacrons quelques instants au développement de
ces propositions; car nous aurons à en tirer des conséquences pratiques intéressantes.

1° *L'exploitabilité relative à la rente la plus élevée, se
réalise presque toujours avant celle qui correspond au
plus grand accroissement moyen.*

Cela provient de ce que la plus-value d'un bois, résultant de l'augmentation annuelle de la matière li-
gneuse, dans un temps donné, est ordinairement

moindre que la somme que procureraient, dans le même temps, les intérêts d'un capital équivalent à la valeur nette de ce bois. C'est dans la phase descendante des accroissements annuels que se rencontre l'époque du plus grand accroissement moyen ; or, quand on assimile un bois à une somme d'argent placée, et qu'on veut en obtenir le plus grand profit, on ne peut, sauf de très-rares exceptions, sous peine de manquer son but, prolonger la révolution au delà du terme qui marque l'apogée de la végétation ; en effet, lorsque les bois ont dépassé cet apogée, le prix du mètre cube ne s'élève plus ; la valeur de leur accroissement annuel diminue donc constamment, à partir de cette époque, avec l'accroissement lui-même, et ne saurait suppléer à l'intérêt toujours croissant du produit en argent qu'on aurait réalisé par l'exploitation.

On se convaincra également, sans peine, que *l'exploitabilité relative à la rente la plus élevée, est plus rapprochée pour les arbres épars dans les champs cultivés, que pour ceux qui sont situés dans des terrains vagues,* si on se rappelle que pour qu'il y ait avantage à retarder la coupe, dans ce dernier cas, il suffit que la plus-value présumée de l'accroissement, soit plus grande que l'intérêt de la valeur de l'arbre, pendant un an, augmenté du prix de la feuille ; tandis que, dans le premier cas, à ces éléments, il faut en ajouter un autre qui augmente chaque année, et qui consiste dans le préjudice causé à la culture arable par le développement, soit des branches, soit des racines de l'arbre. L'accroissement de cet arbre étant supposé le même, dans les deux cas, il est évident qu'il atteindra plus tôt dans le premier que dans le second, la limite au delà de laquelle il cesserait d'être rémunérateur.

C'est, sans doute, à cette raison que tient la défaveur dont les plantations, dans les champs cultivés, sont l'objet de la part de nos agronomes les plus renommés, M. Dombasle, Gasparin, etc. (1).

Enfin, *l'exploitabilité relative à la rente la plus élevée, est plus tardive pour les massifs éclaircis périodiquement que pour ceux qui ne le sont pas.* Cela s'explique par les produits intermédiaires que fournissent les premiers ; produits qui, en augmentant, tout à la fois le revenu net et le capital obtenu par la capitalisation de ce revenu au taux des placements, tendent à reculer l'époque où ce capital devient moindre que le capital *superficiel.*

2° *L'exploitabilité relative à la rente la plus élevée est d'autant plus rapprochée, que les essences sont de*

---

(1) On applique souvent aux forêts jardinées dont on veut régler l'exploitabilité, le procédé des expériences individuelles, c'est-à-dire qu'on fait entrer les arbres dont elles se composent dans la catégorie des arbres isolés. Ce procédé n'est pas, à beaucoup près, aussi exact que celui qui consisterait à évaluer le revenu moyen annuel et à le comparer au capital superficiel. Dans tous les cas, si on y a recours, il ne faut pas oublier de tenir compte du dommage causé aux sujets environnants par l'arbre d'expérience : ce faisant, on reconnaîtra, comme la culture l'enseigne, d'ailleurs, que la méthode jardinatoire est de toutes la moins productive.

moins bonne qualité et moins susceptibles d'acquérir de l'utilité et de la valeur en vieillissant.

Aussi, pour des bois blancs qui ne seraient propres qu'au chauffage, l'époque de la coupe devrait être plus avancée que pour des bois durs qui, propres au chauffage seulement, dans les premières années de leur existence, ne tardent pas à acquérir des qualités précieuses qu'on recherche pour une foule d'ouvrages, et qu'on paye en conséquence.

Si l'on veut saisir la vérité de cette proposition, il est encore nécessaire de se rappeler qu'il est avantageux seulement de retarder l'exploitation, quand l'on est autorisé à espérer que l'intérêt du produit réalisable, joint à la valeur de la première feuille, trouvera une compensation suffisante dans la plus-value résultant de l'accroissement.

Négligeons, pour simplifier la question, la valeur de la première feuille, qui ne saurait exercer une influence importante sur la solution du problème, et dont l'absence est même de nature à corroborer notre démonstration. Ne mettons dans la balance que l'intérêt du produit réalisable, d'une part, et, de l'autre, la plus-value résultant de l'accroissement. Supposons enfin que le prix du bois reste le même, quel que soit l'âge.

¹N'est-il pas vrai qu'en suivant un arbre ou un massif dans ses développements annuels successifs, on observe que le sacrifice de l'intérêt auquel on se soumet, en retardant l'exploitation, est proportionnel à la somme des accroissements antérieurs ; tandis que la

plus-value résultant de l'accroissement, au contraire, n'est jamais fonction que d'une année? Progressive d'abord, elle devient ensuite stationnaire, puis de plus en plus petite. En présence d'un préjudice, d'une perte qui s'augmente, en quelque sorte, dans une progression géométrique, se trouve donc un avantage variable dans des limites nécessairement étroites. Admettons, au reste, un instant, que l'accroissement annuel soit constant et représenté par 1, hypothèse d'autant plus acceptable que l'erreur qu'elle renferme affecte également les deux termes de notre comparaison. L'arbre ou le massif qui vaudra 1 à 1 an, 2 à 2 ans, vaudra 100 à 100 ans; la plus-value annuelle sera toujours égale à l'unité, tandis que l'intérêt du produit réalisable, sera pour le massif de 100 ans, cent fois plus fort que pour celui de 1 an.

Mais si nous supposons, actuellement, que le prix du mètre cube grandit avec l'âge, il est incontestable que l'écart entre les deux facteurs de la comparaison en sera atténué. Pour que cet écart disparût complétement, il faudrait que le prix du mètre cube grandît dans une progression semblable à celle que suivrait l'intérêt des valeurs successivement accumulées, ou, en d'autres termes, que le prix du mètre cube à 100 ans fût cent fois plus élevé que celui du mètre cube à 1 an.

En fait, la progression que suit le prix des bois suivant leur âge et leurs dimensions, est fort éloignée de celle qui aboutirait au résultat que procure l'accumulation des intérêts.

Ce que je viens de dire peut encore, et en deux mots, se démontrer de la manière suivante :

Au lieu de considérer l'accroissement annuel, abstraction faite des accroissements précédents représentés par le bois sur pied, considérons-le dans son rapport avec ces accroissements.

Soit V le volume de l'arbre, a son accroissement annuel, n son âge. Pour connaître le rapport à tant pour 100, on posera $V : a :: 100 : x$; $x = \dfrac{a \times 100}{V}$; mais a (nous supposons l'accroissement annuel constant) $= \dfrac{V}{n}$; on a donc $x = \dfrac{100\,V}{V\,n} = \dfrac{100}{n}$, de sorte que lorsque n sera > 100, le rapport sera < 1 ; or, le prix du bois ne changeant pas avec l'âge, l'intérêt qu'on obtiendrait de la réalisation du prix de l'arbre suivrait une progression semblable, mais en sens inverse, c'est-à-dire croissante : à 100 ans l'intérêt de V serait $\dfrac{100}{1}$.

Donc, l'équilibre entre la plus-value de l'arbre laissé sur pied, et les intérêts qu'on retirerait de sa valeur, ne pourrait être établi que si l'augmentation du prix de cet arbre était suffisante, pour racheter la diminution du rapport de l'accroissement annuel à la somme des accroissements antérieurs.

L'échelle des prix, telle qu'elle est aujourd'hui fixée par les transactions commerciales, ne saurait réaliser la compensation désirable ; mais comme elle exerce, néanmoins une très-grande influence sur la fixation de l'exploitabilité commerciale, on commettrait de graves erreurs, si on ne la consultait pas avec soin. La plus-value résultant des qualités plus précieuses qu'acquiert le bois en vieillissant, n'est pas uniforme dans sa progression ; elle éprouve des temps d'arrêt plus ou moins prolongés suivant les essences et les convenances industrielles ou commerciales ; puis, elle augmente brusquement. C'est une circonstance à laquelle il importe de faire beaucoup d'attention. Si les calculs relatifs à la recherche de l'âge d'exploitabilité s'appliquaient par exemple à un de ces temps d'arrêt, ils pourraient conduire souvent à hâter l'exploitation ; tandis qu'en prenant en considération l'époque plus ou moins prochaine où le bois serait devenu propre à une destination supérieure, on aurait peut-être trouvé, dans les avantages de cette destination, une compensation plus que suffisante pour la perte résultant du retard de l'exploitation.

Citons un exemple : Les sapins qui ont moins de $0^m,16$ de diamètre au gros bout, ne sont guère propres qu'au chauffage, et s'ils ne devaient pas, en grossissant, acquérir, toutes proportions gardées, un plus grand prix, il est présumable qu'on ne les laisserait pas dépasser cette dimension ; mais au-dessus de $0^m,16$ et jusqu'à $0^m,22$ de diamètre, ils prennent la qualité de chevrons, trouvent ainsi leur emploi dans les constructions, et empruntent à cette destination une valeur relativement plus élevée ; plus tard, quand ils dépassent $0^m,22$, ils deviennent propres à faire des pannes simples, c'est-à-dire, des pièces plus recherchées, plus utiles que les premières et par conséquent, à volume égal, plus chères; ils demeurent, dans cette catégorie, jusqu'à ce que leur diamètre atteigne $0^m,32$. De $0^m,32$ jusqu'à $0^m,36$, ils sont comptés comme pannes doubles, c'est-à-dire, comme bois de grosse charpente, mais ils n'ont pas encore atteint l'apogée de leur prix. Au-dessus de $0^m,36$, ils servent au sciage, et c'est alors seulement que leur maximum de valeur et d'utilité est obtenu. Or, pour les conduire jusque-là, il est nécessaire de les laisser sur pied jusqu'à 80 ans environ. C'est ce que font les propriétaires des Vosges; ils trouvent dans l'augmentation du prix du bois, suivant les dimensions, un dédommagement, sinon une compensation, à la diminution du rapport entre le revenu annuel et le capital engagé.

Je répéterai encore que tout ce que j'ai à dire sur l'exploitabilité forestière, est applicable aussi bien aux bois aménagés qu'à ceux qui ne le sont pas, et, lorsque je néglige de choisir mes preuves dans les deux catégories, c'est que la démonstration ne me paraît pas en avoir besoin. Mes observations relatives à l'échelle des prix me paraissent, cependant, tellement importantes, qu'au risque d'être accusé de rebattre toujours la même question, et d'entrer dans des développements superflus, j'en vérifierai la justesse dans une forêt aménagée.

Soit une forêt régulière exploitable dans une révolution de 25 ans : la coupe de 25 ans formera le revenu; le peuplement des 24 autres coupes constituera le capital superficiel. Si nous supposons que le bois ne soit, jusqu'à **25** ans, bon que pour le chauffage, mais qu'à **26** ans, il devienne propre à une destination supérieure, qu'en devra-t-on conclure ? — On en devra conclure que, selon toute probabilité, il serait avantageux d'augmenter d'un an l'âge de la révolution et de partager la forêt en **26** coupes au lieu de **25**. Je dis, *selon toute probabilité*, car cette destination supérieure, qui ferait attribuer au bois un prix plus élevé, n'affecterait nullement le capital *superficiel*, lequel resterait toujours propre au chauffage seulement, et porterait tout entière sur le revenu net annuel ; d'où il résulterait que le rapport de ce revenu au capital *superficiel* serait augmenté.

3° *L'exploitabilité relative à la rente la plus élevée, est d'autant plus près de coïncider avec l'époque du plus grand revenu moyen, que l'intérêt des placements en argent est moindre.*

C'est une proposition que les explications précédentes ont rendue évidente ; cependant, si quelques-uns dé mes lecteurs n'étaient pas de cet avis, je les prierais de me prêter un moment d'attention.

On se souvient que l'exploitabilité qui procure le plus grand revenu moyen, est indiquée par l'année où l'accroissement annuel devient égal, en valeur, à l'accroissement moyen. On n'a pas oublié non plus que, pour fixer l'âge qui correspond à l'exploitabilité commerciale, il faut rechercher l'année à l'expiration de laquelle la plus-value, résultant de l'accroissement, serait équivalente à *l'intérêt* des accroissements anté-

rieurs , augmenté de la valeur de la première feuille ,
c'est-à-dire de la somme qui, s'ajoutant à elle-même d'année en année, et croissant à *intérêts*, serait susceptible
de reproduire, dans le même temps, la valeur nette de
ces accroissements. Il y a là une équation dont le premier membre ne présente qu'un terme : *la plus-value
résultant de l'accroissement;* dont le second membre se
compose de deux termes : *l'intérêt des accroissements
antérieurs et la première feuille.* Si l'intérêt de l'argent
était nul, le premier membre ne changerait pas ; dans
le second, le premier terme (intérêt des accroissements)
disparaîtrait, et il ne resterait que la première feuille ;
mais, cette première feuille qui ne pourrait plus s'accroître *à intérêt,* deviendrait, tout simplement, égale à
la somme qui, s'ajoutant à elle-même, d'année en année, pendant la révolution, représenterait, à la fin de
cette révolution, la valeur nette du bois exploitable.

La révolution étant exprimée par *n*, et la valeur
nette du bois exploitable par *P*, la feuille serait égale
à $\dfrac{P}{n}$, c'est-à-dire au revenu moyen. L'exploitabilité
commerciale serait, en conséquence, indiquée par
l'âge où la plus-value résultant de l'accroissement,
plus-value qui n'est autre chose que la valeur de l'accroissement annuel, deviendrait égale au revenu
moyen.

On voit clairement, par là, que l'intérêt de l'argent
étant réduit à 0, l'exploitabilité commerciale se confond

avec celle qui correspond au plus grand revenu moyen absolu.

La démonstration algébrique de ce théorème est d'ailleurs bien simple, et je vais la donner, quoique ces sortes de preuves soient loin de jouir aujourd'hui d'une grande faveur.

Appelons :

n, l'âge du bois dont on se demande s'il est bon de retarder l'exploitation ;

a, la valeur de l'accroissement à la $n + 1^e$ année;

A, la valeur des accroissements antérieurs ;

φ, la première feuille ;

r, l'intérêt de la somme qu'on réaliserait en exploitant actuellement.

Pour qu'il ne soit pas avantageux de retarder l'exploitation, il faut que l'on ait :

$$(1)\ a = A\,r + \varphi.$$

Cherchons la valeur de φ.

Cette valeur est celle qui, s'ajoutant à elle-même d'année en année, et croissant à intérêts, reproduirait, à l'expiration de ces n années, la valeur A : nous avons donc (avec les intérêts composés) :

$$A = \varphi(1+r)^{n-1} + \varphi(1+r)^{n-2} + \ldots\ldots = \varphi\left[(1+r)^{n-1} + (1+r)^{n-2} + \ldots(1+r) + 1\right]$$

$$\text{d'où}\ \varphi = \frac{A}{(1+r)^{n-1} + (1+r)^{n-2} + \ldots(1+r) + 1}.$$

Remplaçant φ par sa valeur dans l'équation (1), nous avons :

$$a = A\,r + \cfrac{A}{(1+r)^{n-1} + (1+r)^{n-2} + (1+r) + 1}$$

Sans pousser plus loin la réduction, on voit qui si $r = 0$, $A\,r$ disparaît, et le dénominateur du 2e terme du second membre de l'équation, devient égal à n, c'est-à-dire à autant de fois l'unité qu'il y a d'années dans l'âge du bois.

$$\text{On a donc : } a = \frac{A}{n}.$$

C'est, par conséquent, lorsque la valeur de l'accroissement annuel est égale au revenu moyen des années antérieures, que l'exploitabilité commerciale se réalise, l'intérêt étant nul ; mais le revenu moyen est maximum, quand il est égal au revenu annuel ; donc, etc., etc.

Si les calculs se faisaient aux intérêts simples, on arriverait au même résultat ; car φ deviendrait alors égal à

$$\frac{A}{1 + (n-1)\,r + 1 + (n-2)\,r + \ldots 1 + r + 1}.$$

Et l'on a :

$$a = A\,r + \cfrac{A}{1 + (n-1)\,r + 1 + (n-2)\,r + \ldots 1 + r + 1}\,(2),$$

équation qui se transforme encore, quand $r = 0$, en celle-ci :

$$a = \frac{A}{n}.$$

Les forêts aménagées offrent mieux que toute autre, les moyens de vérifier l'influence de l'abaissement de l'intérêt, sur la fixation du terme de l'exploitabilité relative à la rente la plus élevée. La seule circonstance qui soit de nature à engager les propriétaires à raccourcir la durée de la révolution, consiste, en effet, dans la possibilité de placer avantageusement, à intérêt, la somme qu'ils réaliseraient en diminuant le capital *superficiel;* mais si cette possibilité leur était enlevée, ils ne se laisseraient évidemment guider dans la recherche de l'exploitabilité, que par le désir de retirer de leurs propriétés le revenu moyen absolu le plus considérable. J'ai montré, d'un autre côté, que c'est surtout à la supériorité que le capital superficiel présente, souvent, sur le capital obtenu en multipliant le revenu par le denier du placement, que l'on juge de l'opportunité et des avantages du raccourcissement de la révolution ; or, cette supériorité ne se présenterait jamais si l'intérêt de l'argent était infiniment petit, puisque alors les valeurs capitales deviendraient infiniment grandes.

La première partie de mon travail est terminée. Nous allons quitter le domaine de l'absolu, de la théorie pure, de l'abstraction, pour entrer dans celui de la vérité relative, de la pratique, de la possibilité des choses. On doit prévoir que, dans cette nouvelle voie, nous serons obligés de nous écarter plus ou moins de la ligne de conduite que nous aurions à suivre, pour obéir rigoureusement aux principes qui ont été développés. L'essentiel est que nous ne les perdions jamais de vue : ces principes, je l'espère, n'en resteront pas moins recommandables. Que dirait-on d'un voyageur qui, surpris

par l'obscurité, s'aviserait de mépriser la lumière loin-
taine qui lui indique le but à atteindre, parce que les
accidents du terrain l'empêcheraient de prendre, pour
y arriver, la route la plus directe? — On douterait de
son bon sens. Semblables à ce voyageur seraient ceux
qui me reprocheraient le temps que j'ai consacré à la
démonstration de certaines lois, dont les prescriptions
ne pourraient être intégralement et rigoureusement ap-
pliquées.

Parmi les circonstances qui nous forceront de modifier, dans l'application, les règles que nous avons posées, les plus importantes, peut-être, sont celles qui
résident dans les conditions d'existence de l'homme, et
particulièrement dans la courte durée de cette existence.
Il en résulte que l'application d'un principe, d'une loi,
d'une règle de conduite, bonne pour un temps donné,
ne l'est plus quand on le dépasse. Les mœurs, la légis-
lation, la constitution de la propriété, exercent à cet
égard une grande influence, peuvent plus ou moins
reculer l'époque au delà de laquelle, les appréciations
humaines cessent de présenter un caractère suffisant
de probabilité, et tombent dans le domaine des futurs
contingents.

Je me borne aujourd'hui à indiquer cette idée, à laquelle j'aurai souvent occasion de revenir.

CHAPITRE DEUXIÈME.

De l'exploitabilité dans ses rapports avec les exigences de la végétation et de la culture.

Nous avons raisonné, jusqu'ici, sur l'exploitabilité, comme si rien ne s'opposait à ce qu'elle pût être fixée, à l'une quelconque des années comprises dans la durée de la vie végétale.

Cette hypothèse n'était pas vraie.

Il y a dans la nature des choses, des exigences qui sont indépendantes de la volonté de l'homme, et qui renferment le choix de l'âge d'exploitabilité dans des limites plus étroites.

L'un des principaux buts que l'on poursuit, en sylviculture, est, personne ne l'ignore, la régénération naturelle.

Toute méthode d'exploitation des forêts, disent les auteurs du *Cours de Culture des Bois*, doit satisfaire aux deux conditions fondamentales suivantes :

1° Régler la quotité des coupes annuelles de manière à procurer un rapport soutenu.

2° *Assurer, par ces coupes mêmes, la régénération naturelle.*

Or, les bois ne se régénèrent naturellement que par les semences ou par les souches (1); ils ne portent de semences fertiles qu'à un certain âge, qui varie selon les espèces, mais qui est au moins de cinquante à soixante ans; ils cessent de repousser par les souches à un âge également variable, mais qui ne dépasse guère quarante ans; enfin, il y en a qui se refusent absolument à ce dernier mode de reproduction.

De là on est amené à conclure, qu'avant de fixer l'âge d'exploitabilité d'un massif, la première chose à faire est de choisir le mode d'exploitation applicable à ce massif.

ARTICLE PREMIER.

CHOIX DU MODE D'EXPLOITATION.

Ce choix ne saurait être douteux pour les essences qui sont privées de la propriété de repousser par la souche. Il est évident que le mode de la futaie est le

---

(1) Je ne tiendrai pas compte des drageons et des marcottes qui ne sont que des exceptions.

seul qui leur soit applicable ; mais les bois feuillus jouissent tous, à un degré plus ou moins grand, de la faculté de produire des rejets quand on les a coupés par le pied ; ils peuvent par conséquent être exploités soit en taillis, soit en futaie ; et suivant qu'ils seront exploités d'après l'un ou l'autre mode, leur exploitabilité devra être ou très-avancée ou très-reculée.

Les considérations d'après lesquelles on se guide, dans le choix du mode d'exploitation, sont comme toujours, en économie forestière, de deux sortes : *culturales* et *économiques*.

Je vais comparer, à ces deux points de vue, le taillis simple à la futaie, et je m'occuperai ensuite du taillis composé.

§ 1er.

Du taillis simple et de la futaie au point de vue cultural.

M. Parade a parfaitement démontré, dans son examen comparé des trois principales méthodes d'exploitation, les inconvénients du taillis et les avantages de la futaie. Je ne veux pas refaire cet examen. Je me bornerai à mettre en relief les principales conséquences qui en découlent, et à les accompagner de quelques réflexions.

Ces conséquences se résument dans les quatre propositions suivantes :

1° *La méthode de la futaie a pour résultat d'améliorer le sol ; celle du taillis tend à le détériorer.*

2° *La méthode de la futaie permet de garantir la végétation contre les intempéries du climat ; celle du taillis la livre sans défense à ces intempéries.*

3° *La méthode de la futaie est beaucoup plus favorable à la régénération que celle des taillis.*

4° *La méthode de la futaie favorise la croissance des sujets qui composent un massif ; celle du taillis l'entrave.*

1° *Influence du mode d'exploitation sur le sol.*

Le sol, pour la culture des bois, emprunte surtout ses éléments de fertilité à l'humus. Il peut rigoureusement s'en passer quand il est constitué physiquement d'une façon particulièrement avantageuse. Il n'en a jamais trop et il devient stérile quand, à la mauvaise qualité de ses composants minéralogiques, il joint l'absence complète de substances organiques.

Mais l'humus ne se forme, on le sait, que sous l'influence de l'humidité, de la chaleur et d'un air calme. Cette influence est grande et durable dans les futaies ; elle est faible et courte, au contraire, dans les taillis dont le sol est, à des périodes rapprochées, exposé à l'action desséchante du soleil et des vents.

Avec le temps, le sol s'enrichit donc de plus en plus dans le premier cas ; avec le temps, il s'appauvrit donc de plus en plus dans le second.

Je crois que cet appauvrissement n'est plus contesté aujourd'hui par personne ; il devient plus ou moins grave suivant le climat, la situation et la nature de la base minéralogique.

Si le climat est humide, les inconvénients du taillis seront moindres quant à la fertilité du sol, que s'il est sec ; si le terrain est en plaine, moindres que s'il est en pente ; s'il est en pente septentrionale, moindres que s'il est en pente méridionale ; s'il est imperméable, moindres que s'il ne l'est pas (1).

2° *Influence du mode d'exploitation sur l'action des intempéries.*

La possibilité de défendre les bois contre les intem-

____

(1) On pourrait fournir de nombreuses preuves à l'appui de ces propositions, si cela était nécessaire. C'est le mode d'exploitation en taillis qui a amené en France la dégradation d'une grande partie du sol forestier, dégradation à laquelle on ne peut obvier aujourd'hui qu'en cultivant des pins sylvestres dans des terrains où le chêne prospérait autrefois. C'est ce mode qui a dépeuplé la forêt d'Orléans, celle de Fontainebleau, celle de Saint-Germain, celle de Compiègne ; forêts dont le sol sablonneux aurait eu besoin d'un couvert épais et constant. Je cite ces forêts parce que tout le monde les connaît au moins de nom, qu'elles sont à la porte de la capitale, et qu'il est facile d'aller y vérifier l'exactitude de mes assertions. J'ai, d'ailleurs, mes cartons remplis de notes qui ont été recueillies dans d'autres forêts, et qui constatent les mêmes faits ; mais je ne crois pas que la ruineuse influence du taillis sur le sol soit nulle part aussi évidente, aussi palpable que dans une forêt des environs de Clermont (Oise), la forêt de Hez. Cette forêt appartient, par portions à peu près égales, à l'État et à la famille d'Orléans. La portion de l'État se compose d'une très-belle futaie de hêtres et de chênes ; la portion de la famille d'Orléans se compose, au contraire, d'un taillis dont la consistance et la végétation sont souvent plus que médiocres. Les deux portions sont pourtant enchevêtrées l'une dans l'autre, et leur sol, identique quant aux éléments minéralogiques, est formé d'une mince couche de sable reposant sur un banc impénétrable aux racines ; partout à côté de la croissance rapide de la futaie, qui annonce un sol fertile, on est frappé de la croissance languissante du taillis qui accuse un sol appauvri, et tandis que la futaie ne renferme que des bois durs, le taillis est déjà rempli de bois blancs et de morts-bois.

péries dépend, jusqu'à un certain point, de la durée de la révolution, en ce sens que plus cette dernière est longue, plus puissante est la barrière opposée par l'application des règles d'assiette, soit aux vents, soit aux autres météores. Les futaies, par la hauteur et la consistance des massifs qu'elles renferment, offrent pour les parties d'une forêt qui ont besoin d'être abritées, une protection bien autrement efficace que les taillis.

Les procédés d'exploitation que comportent les futaies permettent, en outre, de ne livrer le jeune repeuplement aux influences de l'atmosphère, que lorsqu'il est assez robuste pour les supporter ; tandis que, dans les taillis, rien ne garantit le recrû contre les effets de la sécheresse ou de la gelée.

Depuis leur naissance jusqu'au terme fixé pour leur abattage, les massifs traités en futaie sont maintenus dans un état serré, et peuvent, par l'appui mutuel que se prêtent les brins dont ils se composent, supporter le poids du verglas et des neiges. Il n'en est pas ainsi pour les taillis qui sont formés de cépées irrégulièrement espacées. Aussi, le verglas et les neiges y causent-ils de grands et fréquents dommages.

3° *Influence du mode d'exploitation sur la régénération.*

Il n'y a de régénération complète et véritable que celle qui s'opère par les semences.

Dans ce cas, le plant nouveau, qui est le produit de la régénération, réunit toutes les conditions nécessaires à un développement normal ; il est doué d'une virtualité propre, distincte, indépendante de celle qui lui a donné naissance. L'arbre qu'on coupe par le pied, et qui repousse, ne produit pas des êtres nouveaux, il continue de vivre. Après un certain nombre d'exploitations, sa vie s'éteignant, il ne donnera plus de rejets. Celui qui se régénère par la semence peut, au contraire, se régénérer ainsi éternellement. La futaie a donc sur le taillis un avantage considérable au point de vue de la perpétuation de l'espèce.

D'un autre côté, quelque favorables que soient les conditions de régénération dans lesquelles un massif se trouve placé, cette régénération n'en est pas moins une crise très-chanceuse dont il importe de retarder autant que possible le retour. Une futaie, dans laquelle elle ne se présentera qu'une fois par siècle, sera bien préférable, à ce nouveau point de vue, à un taillis.

Enfin, c'est dans leur jeunesse que les bois sont le plus exposés à être envahis par les essences secondaires et les morts-bois. Dans les taillis, les dangers de cet envahissement sont beaucoup plus redoutables que dans les futaies ; non-seulement par le motif que je viens d'indiquer, c'est-à-dire à cause de la fréquence plus grande des époques de régénération, mais aussi parce que, quelque complet que soit un taillis à l'époque de son exploitabilité, il présente de nombreux vides aussitôt après son exploitation.

4° Influence du mode d'exploitation sur la croissance.

Pour qu'un massif végète dans les conditions les plus favorables, il faut que les sujets dont il se compose soient espacés régulièrement, et de manière à participer également aux influences de l'atmosphère. Il est possible de réaliser ces conditions dans un massif de futaie formé de brins de semence. Cela n'est pas possible dans un taillis où les rejets sont disposés nécessairement par groupes, et en constituent autant qu'il y a de souches dans le peuplement ; ces groupes plus ou moins distants les uns des autres, suivant que la durée de la révolution est plus ou moins longue, s'étalent inévitablement, au début de leur croissance, pour remplir les vides qui les séparent : trop serrés sur certains points, trop espacés sur d'autres, tels sont les inconvénients inévitables que présentent les massifs crûs sur souches. — Leur croissance en souffre et la qualité du bois s'en ressent.

Sous le rapport cultural, le mode d'exploitation en taillis est donc un mauvais mode, et s'il n'y avait que les convenances culturales à consulter en sylviculture, il faudrait le rejeter sans hésitation ; mais ce mode, quelque vicieux qu'il soit, est encore, à force de soins coûteux, conciliable avec les strictes exigences de la conservation des massifs, et s'il se recommandait par des motifs économiques, il pourrait être permis de l'adopter.

§ 2.

Du taillis simple et de la futaie au point de vue économique.

Les considérations économiques applicables à l'exploitation des bois sont tirées, nous l'avons vu, soit de la quantité des produits, soit de leur utilité, soit de leur valeur absolue, soit de leur valeur relative.

Comme quantité, c'est une vérité traditionnelle que les taillis ne donnent pas ce que donnent les futaies. Toutefois, des expériences très-concluantes manquent à cet égard. La reproduction par rejets modifie profondément les phases de la végétation : elle rend celle-ci beaucoup plus active dans la jeunesse, à ce point, qu'un rejet de vingt ans, par exemple, toutes conditions égales d'ailleurs, est de moitié au moins plus volumineux qu'un brin du même âge. Une conséquence de ces modifications, c'est que l'époque du plus grand accroissement moyen se présente beaucoup plus tôt dans les taillis que dans les futaies. Un taillis est-il susceptible d'un accroissement moyen plus considérable qu'une futaie placée dans les mêmes conditions de végétation ? — Telle est la question que l'on n'a pas résolue rigoureusement, qu'il faudrait résoudre, et sur laquelle pourtant il ne s'est jamais élevé le moindre doute ; c'est que jusqu'à présent le maximum de la production, par hectare, que l'on a constaté dans les taillis, ne dépasse pas six stères, tandis que dans les futaies il s'est élevé jusqu'à douze et quinze stères.

Comme utilité, la supériorité de la futaie ne se discute pas ; nous avons vu en effet que sauf de rares exceptions, l'utilité des bois est généralement proportionnelle aux dimensions qu'ils présentent, attendu que plus ces dimensions sont fortes, plus grand est le nombre des usages divers auxquels ils peuvent servir. Ajoutons que dans les futaies, les produits accessoires, tels par exemple que ceux qu'on retire du panage, de la glandée, du pâturage, sont plus nombreux et plus importants que dans les taillis.

Comme valeur absolue, le produit du taillis étant probablement moins considérable et certainement moins utile, doit nécessairement être beaucoup moins précieux que celui de la futaie.

Comme valeur relative, au contraire, le rapport entre le revenu et le capital superficiel, étant d'autant moins grand que la révolution est plus longue; il est évident que le taillis peut fournir un produit plus avantageux que la futaie, puisqu'il comporte une révolution beaucoup plus courte.

§ 3.

Conclusion des deux paragraphes précédents.

Ainsi, parmi les considérations culturales et économiques que l'on doit interroger, quand il s'agit d'arrêter le mode d'exploitation applicable à une forêt, il n'y en a qu'une, celle de la rente, qui puisse faire préférer le taillis à la futaie.

Je vais examiner maintenant jusqu'à quel point la réserve, dans les taillis, d'un nombre plus ou moins grand de baliveaux, est de nature à modifier cette conclusion ; je vais examiner quelle est l'influence de ces baliveaux, tant sous le rapport cultural que sous le rapport économique.

§ 4.

Des réserves dans les taillis.

Pour tous ceux qui ne jugent des choses qu'au cabinet, le taillis sous futaie est un mode d'exploitation fort ingénieux et très-avantageux, parce qu'il paraît susceptible de se plier à toutes les convenances de l'exploitabilité. Si on recherche, par exemple, la rente la plus élevée, on la réalisera au moyen du sous-bois ; tandis qu'on pourra, au moyen des futaies exploitables à des âges différents, rechercher et réaliser tantôt les produits les plus utiles, tantôt les plus considérables, élever ici des essences d'une grande longévité et à côté des espèces de courte durée. Voilà ce que disent les gens superficiels ; mais ceux qui ont étudié les choses de près ne sont pas du même avis, et voici ce qu'ils pensent des baliveaux sur taillis :

La première condition, la condition essentielle afin que les arbres se portent bien, c'est qu'ils soient en massif. C'est la condition naturelle ; dès qu'on la supprime, on place les végétaux dans un état anormal dont ils souffrent toujours beaucoup, quels que soient les moyens artificiels dont on se serve pour en corriger les inconvénients. Mais si l'isolement est défavorable aux arbres, en principe général, et lorsqu'il est permanent, il leur devient bien plus dommageable encore lorsqu'il est intermittent. Isoler un arbre, c'est comme si on le transportait d'un climat dans un autre. En tout état de cause, ce changement ne peut que lui être nuisible; il le sera d'autant plus qu'il s'effectuera à un âge moins avancé.

L'homme est de tous les êtres organisés celui qui supporte le plus facilement les changements de climat; cela doit être, puisque la nature l'a doué de la faculté de se mouvoir, et de la possibilité d'approprier son régime, c'est-à-dire son alimentation, son vêtement, au milieu dans lequel il est obligé de vivre ; et cependant ce n'est jamais sans danger pour sa santé, qu'il passe subitement d'un climat froid dans un climat chaud, et *vice versá*. On comprend donc *a priori* qu'un arbre destiné par l'imperfection de ses organes à rester stationnaire, ne puisse pas, sans le plus grand risque, être transporté brusquement d'un milieu dans un autre.

En fait, les baliveaux qu'on réserve dans les taillis, privés subitement de l'appui de leurs semblables, sont souvent inhabiles à se supporter. Ils tombent au moindre vent; c'est le premier danger qui les menace. Ensuite, quand ces baliveaux sont, du pied à la tête, exposés à l'influence de la lumière, ils se couvrent de bourgeons, lesquels absorbent une partie de la séve au préjudice de la cime qui se dessèche en tout ou en partie. Enfin, cette écorce, qui jusqu'alors avait pris son développement à l'ombre, a une consistance lâche; mise brusquement à découvert, elle est facilement endommagée, soit par la gelée, soit par le soleil, et occasionne ainsi des vices intérieurs qui rendent les arbres plus ou moins impropres à une destination industrielle.

Voilà pour ce qui regarde les baliveaux eux-mêmes; pour ce qui est de leur influence sur le taillis, le raisonnement et l'expérience prouvent qu'ils sont loin de compenser les inconvénients qu'on vient de leur reconnaître.

Buffon a observé que la gelée faisait beaucoup de tort aux taillis surmontés de nombreuses réserves. Il a constaté que, toutes circonstances égales d'ailleurs, un taillis débarrassé de réserves en avait distancé un autre, de cinq ans sur douze, par suite de la gelée qui avait endommagé ce dernier.

Un fait plus facile à expliquer, c'est qu'en entravant l'effet de la lumière, les baliveaux, quand ils sont trop nombreux ou trop gros, nuisent nécessairement au développement du taillis; le vide se fait donc peu à peu autour de leur tronc, et quand on les abat, ils occasionnent de grands vides qu'il faut repeupler artificiellement.

On pourrait croire que par les semences qu'ils fournissent, les baliveaux contribuent au moins à la régénération du taillis. Il n'en est rien, et cela se comprend : les jeunes plants produits par leurs semences, exposés à toutes les intempéries, s'ils naissent au moment de l'exploitation, enfouis dans l'ombre dans le cas contraire, sont exposés à mourir soit par l'excès, soit par l'insuffisance de la lumière. C'est à cette dernière cause qu'il faut attribuer la disparition des chênes dans nos taillis sous futaie; disparition constatée dans tous les pays sans exception.

D'après ce que nous venons de voir de l'influence des réserves sous le rapport cultural, il est permis d'affirmer qu'il ne peut pas y avoir une grande différence entre le rendement des taillis composés et celui des taillis simples, lorsqu'on ne considère que la quantité de matière produite annuellement; mais les taillis composés fournissent sans contredit des produits plus utiles, et par conséquent plus précieux que les taillis simples, et, sous ce rapport, ils offrent un avantage, ils ont un mérite qui n'est point à dédaigner. On estime que dans un taillis soumis au balivage normal, la futaie entre environ pour un tiers ou un quart dans le produit total de l'exploitation, et que la moitié de cette futaie est propre à l'industrie. Ces chiffres, que je crois plutôt au-dessus qu'au-dessous de la vérité, montrent en même temps que l'introduction des réserves dans les taillis, est bien loin de racheter le désavantage que j'ai essayé de mettre en évidence, lorsque j'ai omparé ce mode d'exploitation à celui de la futaie : car, dans une futaie bien conduite, la part du produit afférente au bois d'œuvre, peut s'élever aux trois quarts et quelquefois aux quatre cinquièmes.

ARTICLE II.

DE L'EXPLOITABILITÉ DANS LES TAILLIS SIMPLES.

La recherche de l'exploitabilité dans les taillis simples ne présente pas d'insurmontables difficultés, bien qu'il n'existe point de tables d'accroissement pour la faciliter. Il est presque toujours possible de trouver, à proximité de la forêt que l'on aménage et dans des conditions semblables de végétation, des massifs suffisamment complets de bois d'âges divers, et de se procurer, par des places d'essai, les éléments d'appréciation nécessaires, pour déterminer l'âge d'exploitabilité, suivant la nature des produits que l'on veut se procurer.

En remplissant le tableau ci-contre, on aura sous les yeux les diverses solutions dont le problème est susceptible.

TABLEAU

DES PRODUITS D'UN HECTARE DE TAILLIS A DIFFÉRENTS AGES

POUR SERVIR A LA RECHERCHE DE L'AGE D'EXPLOITABILITÉ.

TAUX de placement.	AGE DES BOIS.	MATÉRIEL SUR PIED.		PRIX DU MATÉRIEL SUR PIED.		FRAIS accumulés d'impôt, de garde.	VALEUR nette du matériel sur pied.	CAPITAL d'une rente périodique équivalente à la valeur nette du matériel sur pied.	PRODUIT moyen en matière.	PRODUIT moyen en argent.	OBSERVATIONS.
		Par nature de marchandises.	Total.	Par nature de marchandises.	Total.						.
1	2	3	4	5	6	7	8	9	10	11	12

Les recherches, les expériences que comporte ce tableau, ne sont d'ailleurs utiles, en général, que lorsque l'on veut déterminer l'âge d'exploitabilité correspondant, soit aux produits les plus utiles, soit à la rente la plus élevée. Quand on a pour but de retirer d'un taillis les produits les plus considérables, il faut pousser sa révolution aussi loin que possible, c'est-à-dire jusqu'à l'âge où les bois cessent de repousser par la souche. En effet, l'expérience démontre que l'époque du plus grand accroissement moyen pour des rejets, ne se présente que longtemps après qu'ils ont perdu leur faculté reproductive. Le terme de l'exploitabilité dans ce cas, est donc fixé par une circonstance physiologique.

ARTICLE III.

DE L'EXPLOITABILITÉ DANS LES FUTAIES.

Nous avons déjà vu que les exigences de la régénération renfermaient le choix de l'exploitabilité, quelle qu'elle fût d'ailleurs, dans de certaines limites. En deçà de l'âge auquel les arbres portent des semences fertiles, il n'y a pas d'exploitabilité possible, à moins qu'on ne soit disposé à recourir, pour la régénération, aux repeuplements artificiels. Mais depuis l'âge où ils portent des semences jusqu'au terme de leur existence, il y a un long temps à courir; et pour trouver dans ce laps de temps, le point précis qui correspond à une exploitabilité donnée, il faudrait des expériences qui malheureusement ne sont guère possibles dans l'état actuel des choses.

L'exploitabilité se détermine donc, dans les futaies, par des considérations plus ou moins vagues basées principalement sur la tradition et sur la longévité des essences.

En thèse générale, toutes les fois que l'on veut appliquer l'exploitabilité absolue, ou l'exploitabilité relative aux produits les plus utiles et au revenu le plus grand, on pousse les révolutions aussi loin que possible eu égard à la longévité des espèces. Lorsque, au contraire, on veut se procurer la rente la plus élevée, on avance le terme de ces révolutions autant que le comportent les exigences de la régénération.

Les raisons qui justifient cette manière d'opérer sont les suivantes :

1° Toutes les expériences faites sur des arbres isolés, et elles sont nombreuses, prouvent que le plus grand accroissement moyen de la plupart de ces arbres ne se réalise qu'à un âge très-avancé, lorsque déjà ils commencent à être altérés dans le cœur, et qu'ils ont perdu une partie de leurs qualités industrielles. Pour ce qui concerne ces arbres envisagés individuellement, on peut donc regarder comme certain, qu'en les coupant au moment où ils entrent en retour, on gagne plus pour la qualité et la valeur qu'on ne perd pour le volume.

Il est vrai que, ainsi que je l'ai déjà fait remarquer, ce n'est pas par des expériences individuelles que l'on doit essayer de déterminer les phases de l'accroissement d'un massif; mais par des expériences qui embrassent des massifs tout entiers. En opérant ainsi, ce qui, nous l'avons vu, est difficile, on trouve que l'époque du plus grand accroissement se présente avant celle du dépérissement. Ce fait, qui pourrait paraître au premier abord anormal, et qui est dû à la quantité, souvent considérable, de bois que les nettoiements et les éclaircies enlèvent à l'accroissement, ne saurait être admis sans explication.

Les nettoiements et les éclaircies ont pour but principal de favoriser l'accroissement; on peut dès lors supposer que si, au moment où on les pratique, ces opérations enlèvent des éléments à l'accroissement futur, elles rendent d'autant plus puissants ceux qu'elles respectent; et que, en conséquence, si on les opérait chaque année, chaque mois, chaque jour, le volume de bois qu'elles emporteraient, serait moindre que celui dont elles provoqueraient l'accroissement. Comment se fait-il donc que ces opérations aient cependant pour effet, non-seulement de modifier le rapport entre l'accroissement futur et l'accroissement passé, mais encore d'avancer l'époque du plus grand accroissement moyen ? — C'est parce que lorsque les massifs sont arrivés à un âge avancé, on ne se borne pas à en extraire tous les sujets nuisibles à leur développement; on enlève aussi ceux qui pourraient entraver l'amélioration de la qualité du bois ; en sorte qu'il arrive un moment où la quantité de bois tombant dans l'éclaircie est plus grande que celle qu'on peut espérer de l'accroissement ulté- rieur. On comprend fort bien alors que les éclaircies aient pour résultat de hâter le terme de l'exploitabilité absolue. Dans tous les cas, cette influence sur le rap- prochement de l'époque du plus grand accroissement moyen, ne saurait modifier sensiblement la loi naturelle qui veut que l'apogée de l'accroissement ne soit atteint généralement, que lorsque les bois ont déjà éprouvé un commencement de dépérissement. C'est donc, en défi- nitive, l'état de santé des arbres qu'il faut surtout con- sulter, et d'après lequel on doit se guider, quand il s'a- git de fixer l'exploitabilité d'une forêt dont on veut retirer les produits les plus considérables ; et il en est de même, presque toujours, lorsqu'on recherche les pro- duits les plus utiles ; car sauf des exceptions peu nom- breuses, l'utilité, on se le rappelle, est proportionnelle aux dimensions.

La détermination de l'exploitabilité relative soit aux produits les plus considérables, soit aux produits les plus utiles, dans les futaies comme dans les taillis, repose, on le voit, sur la constatation d'un fait maté- riel, constatation toujours possible, quoique cependant elle ne soit pas susceptible d'une précision parfaite.

Quant à l'exploitabilité relative à la rente la plus élevée, le raisonnement a montré que l'accroissement des capitaux pécuniaires, suit une marche progressive telle, qu'il y a presque toujours avantage à raccourcir autant que possible la révolution des massifs, dont on veut retirer la plus forte rente. Dans la plupart des cas, l'époque de cette exploitabilité correspondra donc à l'âge, auquel les bois sont susceptibles de se régénérer naturellement par les semences. Néanmoins, il sera utile, toutes les fois qu'un doute pourra s'élever à ce sujet, par suite de la valeur extraordinaire des bois de certaines dimensions, de faire des expériences afin de s'assurer que cette valeur ne demande pas qu'on fixe l'exploitabilité à un âge plus avancé ; et ces expériences sont suffisamment indiquées par le tableau ci-contre qui, bien exactement rempli, renfermera tous les éléments nécessaires, pour se fixer sur l'âge correspondant à une quelconque des exploitabilités applicables à un massif.

TABLEAU

DES PRODUITS D'UN HECTARE DE FUTAIE A DIFFÉRENTS AGES

POUR SERVIR A LA RECHERCHE DE L'AGE D'EXPLOITABILITÉ

TAUX DE PLACEMENT.	AGE DES BOIS.	MATÉRIEL SUR PIED.				PRIX DU MATÉRIEL SUR PIED.				PRODUIT en argent, intérêts compris, des éclaircies précédentes.	TOTAL du prix du matériel sur pied avant l'éclaircie, et du produit en argent des éclaircies précédentes.	FRAIS accumulés d'impôt, de garde etc.	EXCÉDANT du chiffre de la 12ᵉ colonne sur celui de la 1.ʳᵉ, ou produit net en argent de l'hectare.	CAPITAL de la rente périodique équivalente au produit net en argent.	PRODUIT MOYEN en matière.	PRODUIT MOYEN en argent.	Observations.
		Avant l'éclaircie.		Après l'éclaircie.		Avant l'éclaircie.		Après l'éclaircie.									
		Par nature de marchandises.	Total.	Par nature de marchandises.	Total.	Par nature de marchandises.	Total	Par nature de marchandises.	Total.								
1	2	3	4	5	6	7	8	9	10	11	12	13	14	15	16	17	18

ARTICLE IV.

DE L'EXPLOITABILITÉ DANS LES TAILLIS COMPOSÉS.

L'exploitabilité, dans les taillis composés, n'est susceptible d'une détermination exacte, que pour le sous-bois; et elle se règle d'après les considérations et les procédés applicables au taillis simple, sauf les modifications imposées par les conditions culturales dans lesquelles ce sous-bois se trouve placé.

Aux inconvénients qu'entraînent dans les taillis simples les courtes révolutions, viennent s'ajouter dans les taillis composés, les difficultés qui en résultent pour un balivage satisfaisant. Comme le fait observer M. Parade dans son *Cours de Culture*, il n'est guère possible d'obtenir des futaies de bonne qualité et d'un fût élevé, dans des taillis composés soumis à de trop courtes révolutions.

D'un autre côté, il est prouvé par l'expérience, que les sujets qui croissent sous le couvert, perdent plus tôt que les autres la faculté de repousser.

Ainsi, il y a dans les taillis composés deux circonstances particulières qui tendent : l'une à faire prolonger la révolution du sous-bois; l'autre à la faire raccourcir. La nature des essences, l'état du climat, la qualité du sol peuvent seuls indiquer quelle est celle à laquelle il convient de donner la prépondérance.

Quant aux réserves, on en multipliera naturellement plus ou moins le nombre et les classes, selon l'espèce de produits qu'on voudra en retirer; mais de quelque manière qu'on s'y prenne, on ne parviendra jamais à leur appliquer un règlement d'exploitation rationnel, au point de vue économique; puisque leur destination, en tout état de cause, est d'être exploitées à des âges différents, qui ne sauraient être avantageux au même degré.

Le taillis composé, peu recommandable sous le rapport cultural, l'est peut-être moins encore sous le rapport économique.

Je terminerai ce que j'ai à dire sur l'exploitabilité par la récapitulation des *desiderata* que comporte cette grande question.

ARTICLE V.

DES MESURES A PRENDRE POUR ASSURER LA DÉTERMINATION DE L'EXPLOITABILITÉ.

Nous avons reconnu que l'absence de tables d'expériences sur l'accroissement et les propriétés physiques des bois, rendait presque impossible la détermination rigoureuse de l'exploitabilité.

En effet, dans l'état actuel des choses, on est obligé de recourir, pour se faire une opinion sur le rendement futur, dans un temps donné; soit à des expériences individuelles qui sont sans signification pour l'exploitabilité absolue, qui ne peuvent servir tout au plus que pour l'exploitabilité relative aux produits les plus utiles; soit à des cubages de massifs choisis dans la forêt même que l'on aménage, et s'éloignant plus ou moins de l'état régulier ou normal; végétant, en tous cas, dans des conditions différentes. Toutes ces expériences ne peuvent fournir que des résultats très-douteux. Il faudrait donc commencer en France, et les commissions d'aménagement seraient, pour cela, d'un grand secours, des expériences sur l'accroissement et l'utilité des bois, d'après une méthode bien définie. On ne saurait assurément prétendre à constater les phases de l'accroissement et les qualités de chaque essence, suivant les mille conditions particulières, exceptionnelles, dans lesquelles elle pourrait se trouver. Parmi ces conditions, on devrait ne choisir que les plus tranchées, les plus caractérisées, eu égard au climat, à l'exposition, au sol. Je place le sol en dernière ligne, parce qu'il est établi que les soins ultérieurs et l'amendement qui en résulte, tendent à effacer les différences de qualité et de fertilité, que semblerait impliquer la diversité de ses éléments constituants et primordiaux. Quels que soient, au contraire, ces soins, on n'arrivera jamais à obtenir dans un climat sec et froid, une production aussi rapide que dans un climat chaud et humide. On ne fera jamais que, sous le même climat, la croissance ne soit pas plus rapide à l'exposition du nord parce que l'humidité y abonde, qu'à celle du midi parce que la chaleur y est trop intense par rapport à l'humidité.

Si l'on avait en France, suivant la latitude, l'altitude, l'exposition, la nature géologique du sol, pour chaque essence principale, des résultats d'expériences, indiquant par périodes de 20 et même de 10 ans, l'accroissement possible de cette essence en quantité et en qualité, on pourrait fonder les plans d'exploitation sur des bases à peu près certaines et rationnelles. Jusque-là on ne pourra guère faire que de l'empirisme.

CHAPITRE TROISIÈME

**De l'exploitabilité dans ses rapports avec l'intérêt
du propriétaire.**

Il résulte de la discussion à laquelle je me suis livré
dans le chapitre Ier de cette étude :

1° Que le produit annuel en argent d'une forêt,
considéré en lui-même, et abstraction faite du capital
engagé, s'accroît avec la durée de la révolution ;

2° Que le rapport entre ce produit et la valeur
commerciale de l'immeuble, diminue au contraire avec
cette durée ;

3° Que le taux des placements pécuniaires est la
cause principale de cette contradiction qui disparaîtrait, si l'intérêt de l'argent devenait nul.

Ces lois remarquables expliquent et justifient les
différences que nous avons déjà constatées, dans les
principes d'après lesquels l'État, les communes et les
particuliers, exploitent les bois qui leur appartiennent.

Nous allons, du reste, en examiner de plus près
l'influence.

ARTICLE PREMIER.

DE L'EXPLOITABILITÉ DANS SES RAPPORTS AVEC L'INTÉRÊT DE L'ÉTAT.

L'État est éternel ; l'intérêt de l'avenir doit donc
être mis sur la même ligne que celui du présent, lorsqu'il s'agit de régler l'exploitation des forêts qui lui
appartiennent ; et, pour satisfaire à ce principe dont la
justesse me paraît incontestable, il est nécessaire d'a-
dopter un mode d'exploitation qui ne puisse pas compromettre la conservation du domaine forestier. Ce
mode est, sauf de rares exceptions, celui de la futaie ;
les forêts de l'État devraient donc être traitées en
futaie.

Tous les membres de la société ont un droit égal
aux produits des forêts de l'État. Ces produits ne sauraient dès lors être regardés comme un objet de spéculation. Lorsque l'État les vend, il ne poursuit pas
le même but que les autres propriétaires de bois. Il se
sert de la vente comme du moyen le plus convenable,
pour distribuer aux citoyens qu'il représente, un revenu qui n'appartient pas plus à l'un qu'à l'autre ; il
ne prétend pas d'ailleurs retirer de cette opération un
profit commercial. L'État et la société ne faisant
qu'un, l'État propriétaire de bois, qu'il vende ou qu'il

distribue ces bois directement ou indirectement à chacun des cointéressés, les consacre en réalité dans l'un et l'autre cas à son usage, à sa consommation ; et, partant, ce qu'il doit chercher à retirer de ses forêts, c'est sur un point donné la plus grande quantité des produits annuels les plus utiles. Les longues révolutions sont donc celles qu'il lui convient d'adopter en général, puisqu'elles tendent à augmenter la quantité et l'utilité de la production (1).

Les profits du sol forestier ne consistent pas seulement dans la valeur de la coupe annuelle ; ils consistent aussi dans les ressources que le bois offre au travail national, dans le courant commercial et industriel auquel il donne lieu ; ils consistent en outre dans l'influence heureuse que les forêts exercent par leur existence même sur les conditions climatologiques d'un pays.

Aucun de ces profits n'est perdu pour le propriétaire, quand ce propriétaire est l'État ; et comme leur importance est en raison directe de l'utilité et de la quantité des produits et de la grosseur des arbres, il y a là encore de nouvelles raisons pour que l'État préfère les longues révolutions aux courtes.

---

(1) Ce n'est que très-exceptionnellement qu'il peut y avoir pour l'État, intérêt à en adopter de courtes ; cependant, si une industrie indispensable à la société réclamait impérieusement des bois de petites dimensions et qu'on ne pût se les procurer que dans les forêts domaniales, il faudrait tenir compte de ces besoins dans le choix du traitement desdites forêts.

Les avantages d'une prompte jouissance ne sauraient jamais équivaloir pour 'État, à la diminution du revenu qu'entraîne nécessairement le raccourcissement des révolutions.

Si l'on coupe un massif deux fois à l'âge de 50 ans, au lieu de ne le couper qu'une fois à l'âge de 100 ans, on aura un revenu moyen moindre ; mais la première coupe à 50 ans, employée reproductivement, donnera 50 ans plus tard, une richesse dans laquelle la valeur première se retrouvera plus ou moins augmentée. Je prétends que cette augmentation ne saurait compenser la diminution du revenu ; en voici le motif :

Ce revenu aura été produit gratuitement par la nature, qui se sera chargée elle-même de faire fonctionner l'instrument de travail ; tandis que la richesse qu'on lui compare, résultat des efforts de l'homme, aura exigé, consommé une main-d'œuvre qui aurait pu être employée autrement.

Pour que l'avantage d'une jouissance anticipée fût réel pour l'État, il faudrait deux choses : 1° qu'il y eût dans notre pays surabondance de bois et de terres arables ; 2° qu'il ne fût pas possible de se procurer autre part que dans nos forêts des instruments de travail. Or, il y a au contraire pénurie de bois ; et il n'est pas nécessaire de couper les forêts avant leur maturité, pour se procurer des instruments de production. Une opération qui aurait pour résultat d'amoindrir la puissance productive d'un capital, dont la nature a fait tous les frais, ne saurait donc trouver une justification suffisante dans l'importance du capital artificiel qu'on pourrait créer au moyen de cette diminution.

Il n'en est pas moins vrai cependant qu'au delà d'un certain âge, l'accroissement d'un massif boisé ne représente plus, en valeur pécuniaire, l'intérêt de la somme qu'on réaliserait en le coupant; et on peut se demander si cet intérêt doit être exclu des considé-- rations, qui doivent présider à la gestion des forêts de l'État.

Il y a une raison péremptoire pour que cette question soit résolue par l'affirmative :

Cette raison, c'est que l'intérêt de l'argent n'implique pas une augmentation de revenu; c'est qu'en supposant un moment qu'il pût être supprimé, sans que la circulation des capitaux en souffrît, la quantité d'utilités créées, de valeurs produites au bout de l'année, n'en serait pas altérée. Il résulte de là que l'intérêt constitue un bénéfice pour les individus, ou pour une fraction de la société considérée par rapport à la masse des citoyens; parce qu'il modifie, en faveur de ces individus ou de cette fraction de la société, la répartition du revenu social; mais qu'il ne saurait, dans aucun cas, constituer un bénéfice pour l'État.

Cette vérité a longtemps été méconnue; aussi voyons-nous encore une grande partie des forêts de l'État exploitées en taillis; mais les saines doctrines paraissent avoir enfin définitivement prévalu. L'administration est entrée dans la voie des conversions en futaies ; on ne saurait trop l'en féliciter.

ARTICLE II.

Les besoins impérieux de la vie, l'imprévoyance, les partages amenés pas nos lois sur les successions, sont autant de motifs qui s'opposent à ce que les bois appartenant aux particuliers soient exploités à un âge reculé.

L'État a toujours les moyens de suppléer, par d'autres ressources, à celles que lui fournirait la coupe de ses bois. Les particuliers les ont rarement; ils peuvent être et ils sont souvent forcés de sacrifier toutes les espérances de l'avenir aux nécessités du présent.

D'un autre côté, quel que soit l'esprit de prévoyance dont on suppose les hommes doués, il est concevable qu'il s'altère et s'affaiblisse, lorsqu'il embrasse un laps de temps qui dépasse la durée de leur existence.

Enfin, cet esprit, il faut le reconnaître, trouve encore une cause de découragement dans la certitude que la propriété qu'il sera parvenu à constituer, au prix des plus grandes privations, sera tôt ou tard démembrée, par suite des lois qui régissent, en France, l'hérédité.

On s'explique donc que les particuliers ne soient guère tentés de conserver longtemps leurs bois sur pied; mais la raison qui les en éloigne surtout, est le désir bien naturel d'augmenter, autant que possible, le rapport entre le revenu net et la valeur vénale de cette nature de biens-fonds.

Si le taux de placement adopté pour les bois est de 3 pour 100, les particuliers propriétaires de bois, tendront à les exploiter à l'âge au delà duquel, l'augmentation de valeur qui résulterait de l'accroissement annuel cesserait d'être égale à l'intérêt, à 3 pour 100, que fournirait le produit pécuniaire de l'exploitation, joint à la valeur de la première feuille. D'après les prix qu'ont actuellement les bois suivant leur grosseur et leur âge, il ne faut pas laisser longtemps sur pied une forêt, pour qu'elle cesse de rapporter, à 3 pour 100, l'intérêt de sa valeur. Voilà pourquoi nous voyons les particuliers exploiter, en général, celles qu'ils possèdent, en taillis simples, et à l'âge de 20 ans et au-dessous, toutes les fois que les essences le permettent.

Cette manière d'agir est rationnelle : elle est théoriquement justifiée par les principes que nous avons développés dans le premier chapitre de la présente étude. Toutefois elle ne saurait être recommandée sans réserve, et elle ne convient même véritablement qu'aux propriétaires, qui ont besoin de vendre leurs bois, pour satisfaire aux exigences de leur consommation. Quant à ceux qui cherchent à spéculer sur le produit de leurs coupes, ils seront amenés, par l'intelligence pratique de leurs intérêts, à maintenir souvent leurs bois sur pied au delà du terme fixé par la théorie.

En effet, ne perdons pas de vue que dans nos calculs sur l'exploitabilité relative au taux de placement, nous avons tenu compte des intérêts des intérêts, et qu'en conséquence, pour qu'un propriétaire trouvât son profit à appliquer rigoureusement les principes que nous avons posés, il faudrait qu'il eût toujours la possibilité de faire croître, à intérêts composés, le produit pécuniaire que lui procurerait l'exploitation de son bois.

L'accumulation des capitaux pécuniaires à intérêts composés est-elle facilement réalisable?—Je ne le crois pas, et il me semble même que les emprunteurs seraient tout à fait impuissants à satisfaire les capitalistes, si ceux-ci prétendaient tous faire leurs placements à intérêts composés. En supposant que les premiers se résignassent à se priver de tout profit net, et à ne prélever sur le produit des capitaux empruntés, que ce qui serait strictement nécessaire à leur existence, l'excédant ne suffirait certainement pas au service des intérêts composés. Pour s'en convaincre, l'on n'a qu'à consulter les statistiques les plus estimées sur l'augmentation de la richesse publique, dans les sociétés qui disposent des moyens de production, même les plus puissants. On y verra que la proportion dans laquelle cette augmentation a eu lieu, est fort éloignée de celle que comporterait la puissance de l'accumulation des capitaux à intérêts composés. Je ne sache pas, au reste, qu'il y ait beaucoup de banquiers disposés à servir l'intérêt des intérêts des sommes déposées chez eux, et que les établissements qui en avaient pris l'engagement aient jamais pu le tenir.

Doit-on conclure de là que des placements à intérêts composés ne sont, dans aucun cas, réalisables? — Assurément non; seulement, on doit les considérer comme tout à fait exceptionnels et sortant des conditions normales de la production ; on doit les considérer comme d'autant plus difficiles que leur durée devra être plus longue.

Un propriétaire qui n'aura pas besoin de couper son bois, pour subvenir à des dépenses urgentes, agira donc sagement en le laissant sur pied, au delà du terme, où l'accroissement ne représentera plus le profit qu'il pourrait exceptionnellement retirer de la coupe, s'il en plaçait le prix. Son bois continuera de s'accroître à intérêts composés, à un taux moins élevé, sans doute, que celui qu'on recherche et qu'on peut obtenir dans les placements de cette nature ; mais dans des conditions de sécurité que ne présentent pas les placements pécuniaires.

Au surplus, quand on veut retirer des bois une rente plus élevée que celle qu'on retire des terres arables, on a, selon moi, une prétention qui n'est pas raisonnable.

Les bois, il est vrai, ne sont pas susceptibles d'être affermés; ils sont difficiles à estimer; le prix de leurs produits est sujet à de grandes fluctuations; ils ne jouissent pas d'autant de crédit que les autres capitaux ou fonds de terre, par suite de la facilité avec laquelle on peut enlever, par l'exploitation de la superficie, la garantie que le prêteur est en droit de réclamer. Toutes ces circonstances tendent à les déprécier et à augmenter,

par conséquent, la rente qu'on cherche à en retirer ;
mais les bois rachètent les inconvénients que je viens
d'énumérer par un précieux privilége ; et ce privilége
consiste précisément dans la possibilité de retarder leur
exploitation, lorsque les circonstances ne sont pas favorables à l'écoulement de leurs produits.

Si vous avez de l'argent chez un banquier ou chez
tout autre, et qu'à l'époque où vous avez à en toucher
l'intérêt, vous ne sachiez que faire de cet intérêt, il
faudra le garder improductif dans votre secrétaire.
Si vous possédez un champ de blé, et qu'à l'époque
de la récolte, l'état du marché ne vous permette pas
de vendre cette récolte à un prix rémunérateur, vous
essayerez de la conserver dans des greniers, ou dans
des silos construits à grands frais.

Pour le bois, c'est la nature elle-même qui se charge
de la conservation des produits, et qui, pour cela, ne
vous demande qu'une légère diminution sur l'intérêt
qu'elle vous avait bonifié jusqu'alors. Les circonstances
sont-elles contraires à la vente de la récolte, on laisse
cette récolte sur pied. Non-seulement elle s'y conserve, mais elle s'y améliore ; et tandis qu'on s'expose
pour le blé, par exemple, à en trouver, au bout d'un
certain temps, une grande partie avariée, mangée par
les rats, rongée par l'alucite, on est certain, au contraire, de retrouver le bois dont on aura retardé la
coupe, amélioré par les années qui se seront accumulées sur lui.

Les bois sont donc de toutes les caisses d'épargne, la

plus commode, la plus sûre, la plus fidèle, et c'est vraiment trop exiger d'eux, que de leur demander une rente plus élevée que celle qu'on retire des autres biens-fonds.

ARTICLE III.

DE L'EXPLOITABILITÉ DANS SES RAPPORTS AVEC L'INTÉRÊT DES COMMUNES.

L'existence des communes ne peut pas plus être limitée que celle de l'État. Dans la gestion de leurs biens patrimoniaux, les communes doivent donc, avant toute chose, se préoccuper des moyens d'assurer la conservation du fonds, et dans ce but, c'est le mode d'exploitation en futaie qu'il leur convient en général d'adopter pour les forêts qu'elles possèdent.

Mais les communes diffèrent de l'État et se rapprochent des particuliers, par l'exiguïté de leurs ressources d'abord, et ensuite par la distinction qui existe entre les intérêts de chacune d'elles et les intérêts généraux du pays. Lorsque, par le placement de leurs capitaux, elles peuvent faire modifier en leur faveur la répartition du revenu social, n'ont-elles pas raison de recourir à ce moyen pour améliorer leur sort?

Je répondrais négativement à cette question, si toutes les communes étaient dans l'aisance, si leur revenu était suffisant pour couvrir leurs dépenses; parce que, comme je l'ai fait observer, dans une étude sur les quarts en réserve des bois communaux (1), la conservation d'un capital sous la forme d'une forêt, présente à côté de l'inconvénient de faire produire à ce capital, une rente inférieure à celle qu'on en retirerait, en lui donnant une autre destination, en le transformant par exemple en argent, l'avantage d'une sécurité beaucoup plus grande. Cet avantage est inappréciable pour les propriétaires qui ne meurent pas. Cependant, de même que le particulier qui, n'ayant pas de quoi suffire aux strictes nécessités de la vie avec le revenu d'une terre, fait bien de la vendre pour augmenter ses ressources, en en plaçant la valeur chez un banquier; et ce, malgré les chances de ruine qu'il risque; de même une commune qui a des besoins impérieux et des recettes trop restreintes, est excusable de chercher à remédier à cette situation, en renonçant à conserver des propriétés productives d'un trop faible revenu relativement à leur valeur commerciale.

Toutefois, il ne faut jamais qu'elles oublient que ce genre de spéculation, qui a pour résultat de raccourcir la durée de la révolution de leurs bois, est contraire à l'intérêt de leurs descendants, dont il ébranle le patrimoine, et à l'intérêt de la société, dont il amoindrit le revenu. Si les particuliers eux-mêmes ne doivent jamais faire complétement abstraction de ces intérêts, leurs obligations à elles sont, sous ce rapport, beaucoup plus étendues.

---

(1) *Annales forestières*, 1856.

L'importance de ces obligations est suffisamment indiquée par la non-limitation de l'existence des communes, par l'étroite solidarité qui existe entre elles et la société dont elles font partie, par la protection spéciale dont l'État les couvre, par l'appui qu'il leur prête.

CHAPITRE QUATRIÈME.

De l'exploitabilité dans ses rapports avec l'intérêt public.

Le défaut d'expériences concluantes ne me permet pas de préciser la perte que fait éprouver à la société, l'exploitation en taillis d'une partie des bois qui sont destinés à son usage; mais je crois qu'il me sera facile de donner une idée de son importance.

Nous lisons dans le *Cours de culture*, page 399, que Hartig, ayant comparé entre eux (toutes circonstances égales d'ailleurs) un taillis simple exploité à 30 ans et une futaie soumise à une révolution de **120**, a trouvé que les produits en matière de ces deux forêts étaient dans le rapport de **4** à **7**.

J'appliquerai ce rapport aux taillis simples et aux futaies en général.

Je supposerai en outre que, par suite de la présence des réserves dans les taillis, les produits du taillis composé soient à ceux de la futaie comme **5** est à **7**.

J'admettrai enfin qu'une futaie, dans des conditions moyennes de végétation, et bien traitée, puisse donner par hectare 6 mètres cubes.

Le taillis simple en fournira dès lors   3,45
Et le taillis composé.   4,30

Or, en France, le sol forestier comprend en chiffre rond, 8,500,000 hectares.

S'il était couvert de futaies convenablement cultivées, il pourrait donc fournir annuellement 51 millions de mètres cubes.

Voyons ce qu'il serait possible d'en retirer, en conservant les divers modes d'exploitation qui le régissent actuellement.

Les 8,500,000 hectares de forêts qui existent en France comprennent, à fort peu de chose près, 2,300,000 hectares de futaies. En portant à 6 m. c. p. h., comme ci-dessus, leur production possible, on pourrait en retirer chaque année   13,800,000 m. c.

On ne sait pas quelle est la part afférente au taillis composé ou au taillis simple, dans les 6,200,000 hect. qui ne sont pas cultivés en futaie. En attribuant une part égale à chaque nature de peuplement, on exagérera plutôt qu'on ne diminuera la production; car la plus grande partie des bois en question appartient à des parti-

A reporter.   13,800,000 m. c.

Report.   13,800,000 m. c.

culiers qui, on le sait, ont un
goût prononcé pour le taillis
simple.

3,100,000 hect. de taillis composé pourraient fournir, chaque
année, à raison de 4 m. c. 30 p. h.   13,330,000

3,100,000 hectares de taillis
simple pourraient fournir, chaque
année, à raison de 3 m. c. 45 p. h.   10,695,000

Total. . . . .   37,825,000 m. c.

Ainsi, le sol forestier, couvert de futaies, pourrait
rapporter chaque année, 51 millions de m. c.; tandis
que le maximum de la production possible, avec les
diverses méthodes d'exploitation auxquelles il est actuellement soumis, ne saurait dépasser 38 millions
de m. c. La différence entre ces deux chiffres, soit
19 millions de m. c., exprime la perte matérielle qui
résulte pour la société de la préférence donnée au taillis
sur la futaie.

Cette perte deviendra bien plus remarquable, si
nous recherchons la qualité des produits qu'elle représente.

On sait que dans certaines futaies le bois d'œuvre
absorbe jusqu'à 80 pour 100 du produit total; nous
en porterons la quotité à 50 pour 100 seulement.

Dans un taillis composé normal, la futaie n'entre
jamais pour plus de $\frac{1}{3}$ dans le produit de la coupe

annuelle ; et en admettant que sur cette futaie la moitié donne du bois d'œuvre, nous resterons au-dessus de la vérité. Si donc je fixe à $\frac{1}{6}$ du produit la part afférente au bois d'œuvre dans les taillis composés, je ne serai pas accusé de vouloir l'atténuer. Dans les taillis simples, la part du bois d'œuvre est presque insignifiante. J'en tiendrai pourtant compte en la portant à $\frac{1}{10}$.

D'après ces suppositions, le produit du sol forestier se composerait :

1º Dans l'hypothèse du traitement en futaie,

De 51 millions de mètres cubes, dont :

En bois d'œuvre,	En bois de feu,
25,500,000 m. c.	25,500,000 m. c.

2º Dans l'hypothèse du maintien des modes actuels d'exploitation,

De 13,800,000 mètres cubes fournis par les futaies et donnant :

En bois d'œuvre,	En bois de feu,
6,900,000 m. c.	6,900,000 m. c.

De **13,330,000** mètres cubes fournis par les taillis composés et donnant. . . 2,225,000   11,105,000

De **10,695,000**

A reporter.	9,125,000 m. c.	18,005,000 m. c.

	En bois d'œuvre.	En bois de feu.
Report.	9,125,000 m. c.	18,005,000 m. c.
mètres cubes fournis par les taillis simples et donnant . .	1,069,500	9,625,500
Totaux.	10,194,500 m. c.	27,630,500 m. c. (1).

Si nous retranchons la quantité de bois d'œuvre produite dans la seconde hypothèse, de celle produite dans la première, nous trouvons une différence de 15 millions de mètres cubes en chiffre rond.

Si nous retranchons la quantité de bois de feu produite dans le premier cas, de celle produite dans le second, nous trouvons une différence de **10** millions de mètres cubes en chiffre rond.

Et si nous évaluons ces différences en argent, à raison, pour le bois d'œuvre, de **20** fr. sur pied, prix très-modéré, et, pour le bois de feu, de **7** fr., prix assez élevé, nous constaterons, en définitive, que l'exploitation en taillis fait perdre à la société un revenu de

$$15,000,000 \text{ m. c.} \times 20 \text{ fr.} = 300,000,000 \text{ fr.}$$
$$- \quad 10,000,000 \text{ m. c.} \times 7 \text{ fr.} = 70,000,000 \text{ fr.}$$
$$\text{Différence.....} \quad 230,000,000 \text{ fr.}$$

---

(1) Je n'ai pas besoin de rappeler que ces produits dépassent de beaucoup les produits réels, et sont ceux que les forêts pourraient donner, si elles étaient entretenues convenablement.

230 millions de francs ! C'est la moitié de nos contributions directes, c'est presque l'intérêt de notre dette !

Mais on ne se ferait qu'une idée bien incomplète du désavantage qu'offre le taillis vis-à-vis de la futaie, au point de vue de l'intérêt public, si l'on s'arrêtait à ces considérations. Il faut, pour embrasser dans toute son étendue le préjudice qu'est susceptible de causer au corps social le mode d'exploitation en taillis, réfléchir à la quantité énorme de travail, que les 15 millions de mètres cubes de bois d'œuvre dont on pourrait augmenter la production forestière, en adoptant le mode de la futaie, créeraient dans toutes les branches de l'industrie.

J'ai montré dans une note sur le défrichement que les bois formaient en France le tiers à peu près, en poids, des matières transportées.

D'un autre côté, on lit dans le procès-verbal de l'enquête qui a été faite en 1847 sur l'industrie parisienne, que la valeur des produits fabriqués, pour les industries n'employant, comme matière première, que le bois, s'élevait à 101,516,026 millions; que classées par rang d'importance dans cet immense atelier de la capitale, la charpenterie occupait le 20ᵉ rang, la carrosserie le 16ᵉ, l'industrie du bâtiment le 9ᵉ, l'ébénisterie le 8ᵉ; que le nombre des patrons et ouvriers occupés à la manipulation du bois dépassait enfin 35,000.

Ces renseignements me paraissent assurément propres à dissiper toute incertitude sur l'immense intérêt qu'a la société, à ce que l'on adopte pour les forêts dont elle jouit, des exploitabilités reculées.

Il n'est pas permis d'espérer qu'en laissant, comme cela paraît être la volonté de notre époque, les particuliers entièrement libres de choisir l'exploitabilité qui leur convient, ils trouveront jamais leur intérêt à exploiter leurs bois en futaie; car, pour cela, il faudrait non-seulement que le loyer de l'argent baissât considérablement ; mais, ce qui est plus difficile à réaliser, que l'imprévoyance, le besoin du moment, l'incertitude du lendemain, cessassent d'intervenir dans les actions humaines.

C'est donc à l'amélioration des forêts de l'État et des communes que l'on doit songer, et le lecteur sait maintenant dans quel sens il importe de la diriger.

On a longtemps méconnu dans notre pays, la place que les bois occupent dans le domaine où la société puise incessamment les matériaux, les éléments qui peuvent servir à son existence, à son bien-être, au développement de sa prospérité. Chose remarquable! le bois entre, soit comme matière première, soit comme agent indispensable, dans la plupart des industries que soutient la consommation publique ou privée: presque tous les meubles dont l'homme se sert, le berceau dans lequel on a bercé son enfance, le cercueil dans lequel on l'enfermera pour le sommeil éternel sont en bois. C'est avec le bois qu'il prépare ses aliments, réchauffe ses membres engourdis par le froid, construit son habitation, laboure son champ, transporte ses denrées; c'est le bois qui lui a permis d'étendre son empire sur l'Océan, et de créer ces voies de fer qui ne feront bientôt du monde entier qu'une seule famille. Supprimez le bois, et comme je l'ai dit dans une autre occasion, toutes les fonctions sociales sont interrompues; tout s'arrête en même temps, les travaux de la paix comme ceux de la guerre, les travaux qui donnent le nécessaire comme ceux qui donnent le luxe. Enfin, de quelque côté qu'on jette les regards, le bois se présente à nous comme l'auxiliaire le plus puissant que la Providence ait mis à notre disposition pour améliorer notre sort; et pourtant, de toutes les sources de richesses qui nous environnent, c'est celle pour l'entretien de laquelle nous avons pris le moins de soins. Peut-être est-il temps de réveiller sous ce rapport l'attention publique et la sollicitude du gouvernement; car les forêts s'en vont avec une évidente et alarmante rapidité; le mercantilisme les poursuit à outrance, et si l'on n'y prend garde, il en aura bientôt fait table rase.

TROISIÈME ÉTUDE

TROISIÈME ÉTUDE

DU PLAN D'EXPLOITATION.

CHAPITRE PREMIER

Principes fondamentaux.

Quand on a complété la statistique de la forêt à aménager ; quand on a terminé la description spéciale des parcelles dont elle se compose ; quand on a choisi le mode d'exploitation et fixé l'âge d'exploitabilité qu'on estime être applicables à ces parcelles, on possède les éléments nécessaires pour arrêter la durée de la révolution, la quotité et la marche des coupes annuelles.

Les documents relatifs à ces divers objets forment ce qu'on appelle le *plan d'exploitation*.

J'ai dit qu'on entendait par le mot *révolution*, le temps voulu pour que les exploitations successives à faire dans une forêt, pussent revenir au point de départ.

Dans une forêt normale, la durée de la révolution est donc déterminée, pour les coupes principales, par l'âge d'exploitabilité.

Mais on verra qu'il y a des circonstances qui obligent de régénérer les bois, avant qu'ils aient atteint l'âge d'exploitabilité, et qui abrégent, par conséquent, la révolution; celle-ci est alors qualifiée de *transitoire*.

Le mot *révolution* peut s'appliquer à une rotation quelconque de coupes, quelle que soit leur nature. On dira, par exemple : Pendant une ou deux révolutions de 20 ans, on pratiquera des coupes d'éclaircie, des coupes d'extraction dans telle forêt; et on aura raison de s'exprimer ainsi, puisque tous les 20 ans, ces coupes repasseront sur le même point.

Toutefois, c'est principalement pour les coupes de régénération que le mot *révolution* est admis.

L'établissement du plan d'exploitation repose sur plusieurs principes essentiels, et qui consistent :

1° A faire arriver, autant que possible, chaque parcelle, en tour de régénération, à l'époque correspondant à son âge d'exploitabilité, et, en tour d'exploitation intermédiaire, à l'époque indiquée par l'état du peuplement ;

2° A prescrire, pour les exploitations successives des

parcelles, un ordre qui soit conforme aux règles sur·
l'assiette des coupes ;

3° A former pour la répartition des produits, dans le
cours de la révolution, un règlement qui, tout en se
conciliant avec les exigences de la culture, soit de nature à assurer le rapport annuel soutenu.

L'application de chacun de ces principes est soumise
à des conditions particulières plus ou moins importantes,
plus ou moins impérieuses, et souvent opposées.

Cette opposition est une des plus grandes difficultés
que l'on rencontre dans l'établissement du plan
d'exploitation.

Cet établissement varie suivant les modes d'exploitation ; nous l'étudierons d'abord, dans le cas le moins
compliqué, c'est-à-dire en admettant que la forêt à
aménager doive être exploitée en taillis simple ; nous
verrons ensuite quelles modifications il faut y apporter,
quand il s'agit d'une forêt régulière, exploitée d'après
la méthode du réensemencement naturel et des éclaircies périodiques.

Quant aux taillis composés, comme ils ne diffèrent
des taillis simples que par l'importance de la réserve,
et comme d'ailleurs cette importance ne peut être déterminée d'avance, il n'est pas nécessaire de faire de
leur aménagement l'objet d'une étude particulière.

CHAPITRE DEUXIÈME

Du plan d'exploitation dans les taillis simples.

ARTICLE PREMIER.

DU TABLEAU DES EXPLOITATIONS ET DES DIFFICULTÉS QUE RENCONTRE SA FORMATION.

Nous avons affaire à un taillis dont la contenance est de 200 hectares, dont les parcelles sont toutes exploitables à 20 ans, et par conséquent dans une révolution de 20 ans. Nous avons sous les yeux le cahier de la description spéciale et le plan topographique sur lequel les parcelles ont été figurées avec l'indication de leur étendue et de leur âge respectifs. Nous remplirons le tableau ci-contre :

TABLEAU INDICATIF

DE LA QUOTITÉ ET DE LA MARCHE DES COUPES.

DÉSIGNATION des		CONTENANCE des parcelles.	NATURE DU SOL.	EXPOSITION.	ESSENCES.	ÉTAT du peuplement	AGE du PEUPLEMENT.		PARCELLES A EXPLOITER DANS LA							
cantons.	parcelles.						actuel.	d'exploitabilité.	1re année.	2e année.	....	....	17e année.	18e année.	19e année.	20e année.
		hect.							hect.	hect.	hect.	hect.	hect.	hect.	hect.	hect.

Pour savoir quelle est celle des **20** dernières colonnes à laquelle appartient une parcelle quelconque, il
suffira de prendre la différence entre l'âge d'exploitabilité et l'âge actuel de cette parcelle ; si la différence
était de 5 années, ce serait dans la cinquième colonne
qu'il faudrait placer la parcelle en question ; si elle
était nulle ou négative, ce qui indiquerait que la parcelle est exploitable depuis plus ou moins longtemps,
on la colloquerait dans la première colonne.

Au lieu du classement rigoureux que je suppose ici
et qui implique, contre toute probabilité, que dans la
reconnaissance de la forêt, on est parvenu à distinguer
les peuplements dont les âges ne diffèrent que d'un an,
on pourrait adopter un classement de 5 en 5 ans, et
remplacer les **20** dernières colonnes du tableau, par
4 colonnes seulement, dont la première comprendrait
les bois exploitables dans la première période de **1**
à **5** ans; la deuxième, les bois exploitables dans la
deuxième période de 6 à **10** ans, etc., etc. Je conser-
verai néanmoins le classement que mes lecteurs ont
sous les yeux, parce qu'il est propre à rendre plus in-
telligibles, les observations auxquelles la formation
d'un plan d'exploitation est susceptible de donner lieu.

La contenance de la forêt étant de **200** hectares,
l'âge d'exploitabilité de **20** ans, il est clair que si toutes
les parcelles étaient placées dans les mêmes conditions
de végétation, et présentaient la gradation d'âge convenable, on devrait trouver au total de chacune des
20 dernières colonnes du tableau, un chiffre égal au

quotient de l'étendue de la forêt par l'âge d'exploitabilité, et, par conséquent, 10 hectares.

Si, d'un autre côté, en rapprochant l'assiette des
coupes résultant de ce classement, de celle que prescri-
vent les règles de la culture, on constatait qu'elle n'y
déroge pas, on en conclurait que ledit classement ne
laisse rien à désirer, et il n'y aurait plus qu'à l'appliquer sur le terrain, au moyen de laies sommières et
séparatives, de fossés, de bornes et de numéros indica-
teurs.

Le plan d'exploitation se trouverait parfaitement en
harmonie avec les principes que nous avons posés dans
le premier chapitre de cette étude : la production maxima
serait assurée, puisque chaque parcelle arriverait en
tour d'exploitation à l'époque correspondant à son âge
d'exploitabilité ; les règles sur l'assiette des coupes seraient observées d'après la supposition que nous avons
faite ; et le rapport soutenu serait réalisé, puisque les
conditions de végétation étant les mêmes pour toutes
les parcelles, chaque coupe donnerait à surface égale
un produit égal ; enfin, la méthode d'exploitation du
taillis simple, consistant à couper, à blanc étoc, les
peuplements destinés à être régénérés, il en résulte que
l'on peut, sans contrarier l'application de cette méthode,
préciser l'année et l'emplacement où chaque coupe
devra être effectuée, et que les prescriptions du plan
d'exploitation, à ce sujet, se concilient avec les exigences de la culture.

Ce plan ne serait cependant pas complet, si l'on n'y

ajoutait, comme annexe, les indications nécessaires, relativement aux coupes d'amélioration (nettoiements), et à la réserve en baliveaux de l'âge, que l'état du peuplement ou l'intérêt du propriétaire pourrait réclamer.

Les nettoiements dans les taillis n'ont, en général, aucune importance, au point de vue de leur rendement immédiat en matière ou en argent; ils en ont une plus ou moins grande, quelquefois nulle, au point de vue cultural; il n'était donc pas nécessaire de les faire figurer dans le tableau d'exploitation qu'ils auraient compliqué sans utilité. Quant aux baliveaux à réserver, on ne saurait d'avance en préciser ni le nombre ni la grosseur.

L'aménagement d'une forêt placée dans les conditions favorables que nous avons admises serait, comme on le voit, bien facile à faire; mais ces conditions sont, on peut le dire, imaginaires. Nos forêts offrent, presque toutes, une grande irrégularité de peuplement, qui tient en partie à la nature même des choses, et qui les éloigne plus ou moins de la forêt-type que nous avons prise pour exemple : tantôt c'est l'âge d'exploitabilité qui n'est pas le même pour tous les massifs qu'on voudrait comprendre dans le même aménagement; tantôt c'est la gradation des âges qui est insuffisante ou qui ne s'accorde pas avec les règles d'assiette des coupes; ou bien, c'est la puissance productive du sol qui est inégale... et ces circonstances fâcheuses font du règlement d'exploitation une opération quelquefois très-délicate et très-ardue.

Examinons successivement les principaux embarras qui peuvent se produire, et cherchons les moyens de les surmonter.

Ces embarras sont presque toujours complexes et contradictoires en ce sens qu'il est rarement possible d'y remédier, sans en faire naître de nouveaux.

La question est donc de savoir, entre deux maux, choisir le moindre.

ARTICLE II.

CLASSEMENT DES PARCELLES SUIVANT L'AGE D'EXPLOITABILITÉ.

Cette considération de l'âge d'exploitabilité est celle qui se présente la première à l'esprit, quand on veut procéder au classement des parcelles dans le tableau d'exploitation.

Rien de plus facile que de s'y conformer, lorsque l'âge d'exploitabilité est le même pour toutes les parcelles de la forêt, et qu'aucune raison ne s'oppose à ce que les peuplements que renferment ces parcelles, puissent rester sur pied jusqu'à l'époque correspondant à cet âge.

Mais, l'âge d'exploitabilité étant le même pour toutes les parcelles, il arrive souvent que, par suite, soit d'une exploitation vicieuse, soit d'un abroutisse-

ment, d'une gelée ou de toute autre cause accidentelle, le peuplement d'une ou plusieurs d'entre elles
exige une exploitation anticipée. Les faits de ce genre
sont consignés dans le cahier de la description spéciale ; on doit y avoir égard, et pour cela, on classe
les parcelles dans les colonnes du tableau qui correspondent, non à l'âge normal d'exploitabilité, mais à
l'âge où elles devront être réellement exploitées, à
raison de l'état accidentellement mauvais de la végétation.

Ces exceptions à la règle générale ne sont, d'ailleurs, justifiées que lorsque les circonstances qui les
motivent, affectent des portions importantes du peuplement, constituent un des caractères généraux d'une
ou plusieurs parcelles. C'est d'après ces caractères généraux que l'on établit le règlement d'exploitation,
sauf à satisfaire aux exigences particulières que pourraient avoir certaines fractions de parcelles, par des
expédients que je ferai connaître plus tard.

Lorsque l'âge d'exploitabilité n'est pas le même
pour toutes les parcelles, on adopte pour base du règlement d'exploitation, l'âge d'exploitabilité le plus
reculé, et l'on partage en conséquence le tableau de
classement en autant de colonnes qu'il y a d'années
dans cet âge. On colloque ensuite les différentes parcelles dans ces colonnes, de manière que chacune
d'elles arrive périodiquement en tour d'exploitation à
l'âge qui lui convient ; mais, pour cela, il faut que
l'âge d'exploitabilité le plus reculé soit un multiple

des autres, et, alors, on fait figurer chaque parcelle dans le tableau autant de fois qu'il y a d'unités dans le quotient de cet âge d'exploitabilité par le sien. Une parcelle en châtaigniers qui serait, par exemple, exploitable à 10 ans, figurerait deux fois dans le tableau d'exploitation d'une forêt dont la révolution serait fixée à 20 ans.

Lorsque certaines parcelles ont un âge d'exploitabilité qui n'est pas renfermé un nombre exact de fois dans la révolution adoptée, elles ne peuvent être comprises dans le même aménagement, à moins qu'on ne se résigne à les couper avant ou après leur âge d'exploitabilité, ou qu'on ne les destine à une transformation qui les ferait rentrer dans les conditions désirables. Si un peuplement, exploitable à 15 ans, appartenait, par exemple, à une forêt dont le surplus serait exploitable à 20, on pourrait classer ce peuplement dans le tableau d'exploitation de manière à le faire arriver, en tour d'exploitation, dans la première révolution, à l'époque correspondante à son âge d'exploitabilité de 15 ans; seulement, pour le maintenir dans l'aménagement sans être forcé de modifier à chaque révolution le plan d'exploitation, il faudrait, à partir au moins de la deuxième, ou porter à 20 ans son âge d'exploitation, ou le réduire à 10, ou substituer à l'essence dont il se compose, une essence dont l'âge d'exploitabilité serait conciliable avec celui des autres parcelles.

La divisibilité de l'âge d'exploitabilité le plus reculé

par les autres, est donc la seule condition rigoureusement indispensable pour que l'on puisse comprendre dans le même aménagement, des parcelles dont l'exploitabilité différerait : mais on verra que cette différence est souvent un obstacle à l'application des règles d'assiette et rend, dans tous les cas, l'établissement du rapport soutenu d'autant plus difficile, que les parcelles exploitables à l'âge le plus reculé sont moins nombreuses par rapport aux autres. Aussi dans la pratique, adopte-t-on, pour base du classement, l'âge d'exploitabilité qui convient à la majorité des parcelles, et laisse-t-on en dehors de l'aménagement, tous les peuplements exploitables à un âge plus avancé, lorsqu'on croit devoir se conformer à leur âge d'exploitabilité.

Quant aux parcelles exploitables à une époque plus rapprochée, leur classement se fait comme je l'ai indiqué.

Une fois le classement des parcelles établi d'après les considérations précédentes, il faut voir s'il est en harmonie avec les règles sur l'assiette des coupes.

ARTICLE III.

CLASSEMENT DES PARCELLES CONFORMÉMENT AUX RÈGLES D'ASSIETTE DES COUPES.

Les parcelles de la forêt que nous avons à aménager, se trouvent dans des conditions de végétation tout à fait identiques; les essences dont elles se composent, la consistance qu'elles présentent, le sol sur lequel elles reposent, les circonstances climatériques auxquelles elles sont soumises, sont les mêmes. Elles ne diffèrent que par la contenance et par l'âge; mais on remarque qu'en additionnant les contenances des parcelles de même âge, on obtient, pour chacun des âges que présente la suite des nombres de 1 à 20, le même total.

Cet état de choses, que je suppose constaté par le tableau d'exploitation dont j'ai donné plus haut le modèle, est-il suffisant pour constituer un état normal?

Non, car s'il remplit deux des conditions auxquelles j'ai dit que le plan d'exploitation devait satisfaire, il n'est pas prouvé qu'il remplisse la troisième; s'il s'accorde parfaitement avec le principe qui veut que les peuplements arrivent en tour d'exploitation à l'époque correspondante à l'âge d'exploitabilité; s'il s'accorde aussi bien avec celui qui demande que les exploitations soient distribuées dans le cours de la révolution, de manière à procurer chaque année un produit soutenu;

rien ne démontre qu'il se concilie avec les règles sur l'assiette des coupes, règles que voici (1) :

1° Dans une même série d'exploitation, les coupes doivent être assises de manière à se succéder de proche en proche, et recevoir la forme la plus régulière possible.

2° Elles doivent être disposées de manière que les bois d'une coupe en exploitation ne soient pas dans le cas d'être transportés à travers d'autres coupes précédemment exploitées.

3° Dans toute forêt ou série d'exploitation, les coupes doivent être assises de manière que celles qui sont à exploiter au commencement de la révolution se trouvent placées du côté du nord ou de l'est, et les dernières du côté du sud ou de l'ouest.

4° En montagne, il faut couper d'abord les parties inférieures, et conserver les supérieures pour les dernières exploitations.

5° Dans tous les cas, les coupes en montagne, autant que les localités le permettront, devront être longues et étroites et présenter leur moindre largeur aux vents dangereux.

Il faut donc que notre plan d'exploitation ne contrarie pas l'application de ces règles; or, en l'examinant de près, on reconnaît qu'il s'y oppose sur plusieurs points : ainsi, une parcelle qui n'a que 5 ans, est contiguë

____

(1) J'emprunte ces règles au *Cours de culture* de MM. Lorentz et Parade.

à une autre âgée de 15 ans et qui, si l'on ne modifiait pas le classement, devrait être exploitée 10 ans plus tard. Une troisième parcelle se trouve en pente immédiatement au-dessus d'une quatrième qui est moins âgée. Les parcelles les plus âgées sont situées précisément du côté du sud d'où viennent les vents les plus violents. Enfin, aucune des coupes n'offre, sous le rapport de la forme, la régularité désirable...

Que faire en présence d'une pareille situation?

Si on maintient l'ordre des coupes fondé sur l'âge d'exploitabilité, il en résultera des inconvénients; si on le modifie pour le conformer aux prescriptions des règles d'assiette, ces inconvénients disparaîtront, mais ils seront remplacés par d'autres. Quel que soit le parti que l'on prenne, il faut d'avance se résigner à des sacrifices. Seulement, ces sacrifices peuvent être plus ou moins considérables, et c'est à les diminuer que l'on doit tendre naturellement. Je ne saurais indiquer le moyen infaillible d'arriver, sous ce rapport, au but le plus désirable. La nature des choses ne le comporte pas. Je ne peux qu'exposer les principes généraux qui me paraissent propres à éclairer le jugement de l'opérateur et à l'empêcher de faire fausse route.

Les principales circonstances qui influent sur l'importance de l'application des règles d'assiette sont : la configuration du sol et le mode d'exploitation.

C'est en montagne que l'assiette des coupes réclame une attention toute particulière, parce que les accidents météoriques y sont plus nombreux et plus violents que dans la plaine, et que, d'ailleurs, la déclivité et l'escarpement du sol augmentent naturellement les difficultés de la surveillance, de l'exploitation et de la vidange.

Mais c'est dans les futaies que la dérogation aux règles d'assiette est surtout dommageable. Dans les taillis, et dans les taillis simples notamment, les deux premières règles sont, en général, les seules qu'il soit véritablement utile d'observer ; en effet, les vents, dont les trois autres ont pour objet d'atténuer la violence, ne sont guère à redouter pour le sous-bois qui croît à l'état serré jusqu'au moment de son abatage ; qui ne s'élève jamais beaucoup, et qui est toujours assez flexible pour plier, sans se rompre ou se déraciner, sous l'effort de la tempête.

Quant aux réserves, comme elles sont clair-plantées et qu'elles dominent le massif, la disposition des coupes ne saurait avoir, sur leur conservation, une influence appréciable.

Quels que soient, au reste, les motifs qui rendent l'application de telle ou telle règle, utile et même nécessaire, il n'est pas indispensable, pour que cette application atteigne le but désirable, qu'elle assujettisse à la même loi toutes les coupes à faire durant la révolution. Il y a, dans le nombre des coupes dont on veut déterminer l'assiette, une limite au delà de laquelle les avantages de certaines règles disparaissent complétement. Ainsi, lorsqu'il s'agira d'appliquer la première règle, qui demande que les coupes soient assises de manière à se succéder de proche en proche, on pourra souvent, sans renoncer à aucun des avantages d'une semblable disposition, partager la révolution en périodes, et ne réaliser l'ordre régulier que pour les coupes de chacune de ces périodes, envisagée séparément.

Les règles d'assiette ne s'accordent pas toujours entre elles. Il arrive même fréquemment que l'application de l'une met obstacle à l'application de l'autre. Cette opposition est la difficulté à laquelle il faut remédier d'abord, en choisissant entre les deux règles qui se contrarient, celle qui emprunte à la configuration du sol, à la nature du climat, à l'état du peuplement, la plus grande importance.

Il y a une règle, la deuxième, qui est indépendante de l'ordre des exploitations, en ce sens que, quel que soit cet ordre, elle peut être observée au moyen de travaux d'art plus ou moins coûteux. Il faudrait que ces travaux fussent bien considérables pour qu'on s'abstînt de les faire en présence des inconvénients qui résulteraient de l'inobservation même partielle des règles d'assiette. L'intérêt du capital que lesdits travaux nécessiteraient, comparé à la perte que subirait la production annuelle, si on laissait les choses dans le *statu quo*, servira de guide dans les appréciations de cette nature.

C'est à l'aide de ces principes que l'on se fixera sur l'ordre dans lequel il serait à souhaiter que les parcelles de la forêt à aménager se succédassent, et sur les changements qu'il y aurait lieu d'introduire en conséquence dans le classement de ces parcelles.

Comparons maintenant les inconvénients qui résulteraient de la non-observation des règles d'assiette, à ceux que leur application entraînerait.

Le plan d'exploitation ayant été établi d'après l'âge d'exploitabilité des différentes parties qui constituent la forêt, on ne saurait le modifier, d'une manière quelconque, sans reculer ou avancer, pour un ou plusieurs massifs, l'époque de l'exploitation, et, par conséquent, sans porter atteinte au produit le plus avantageux, sans amoindrir le revenu que la forêt eût été susceptible de procurer dans un temps donné.

Tel est le seul inconvénient qu'entraînerait la modification du classement fondé sur l'âge d'exploitabilité.

Quelle est sa gravité? Est-elle plus grande quand on dépasse l'âge d'exploitabilité que lorsqu'on le devance?

On comprend que ces questions ne comportent pas une solution rigoureusement exacte. Il serait téméraire d'y répondre d'une manière absolue, soit dans un sens, soit dans l'autre.

On peut, cependant, poser en principe qu'il est presque toujours moins désavantageux de laisser les bois trop longtemps sur pied, que de les couper trop tôt; car, dans le premier cas, on ne perd guère que sur la quantité, tandis que, dans le second, on est exposé à perdre, à la fois, et sur la quantité et sur la qualité. On a vu, d'ailleurs, dans la théorie de l'exploitabilité, que le retard apporté à l'exploitation d'un bois se traduit par une accumulation de produits; si cette accumulation est fâcheuse, parce qu'elle ne rend pas l'intérêt qu'on aurait pu retirer de ces produits en les réalisant et en en plaçant le prix, elle l'est moins toutefois que ne le serait une exploitation prématurée par laquelle on compromettrait, en même temps, son capital et son revenu.

Voilà un premier principe; en voici un second :

La perte causée par une exploitation prématurée ou tardive, est en raison de la différence qui existe entre l'âge d'exploitabilité et l'âge correspondant à l'époque de cette exploitation ; d'où il suit que c'est dans les bois qui sont soumis à de longues révolutions, que les difficultés de l'espèce ont le plus de gravité.

Mais, quelle que soit la perte que puissent occasionner les modifications dont je viens de prévoir l'opportunité, il faut considérer qu'elle est subordonnée à des circonstances transitoires, destinées à disparaître, ordinairement, après la première révolution, c'est-à-dire après le temps nécessaire pour l'établissement de l'état normal.

Les pertes qui résulteraient de la non-application des règles d'assiette tiendraient, au contraire, à des circonstances permanentes, et se reproduiraient à chaque révolution. Pour qu'il en fût autrement, il devrait s'opérer, dans la configuration du sol, dans le climat et dans les autres conditions de la végétation, des changements évidemment impossibles.

Si, par exemple, l'on n'asseyait pas les coupes de proche en proche, en ayant soin de leur donner la forme la plus convenable, on se condamnerait, pour toujours, à aggraver les difficultés de la surveillance, et les dommages inévitables causés par le couvert des arbres voisins, par l'exploitation et la vidange des produits.

Si on ne les disposait pas de manière à ne point être obligé de transporter les bois d'une coupe en exploitation, à travers d'autres coupes récemment exploitées, chaque année verrait se renouveler et s'augmenter les dégâts ruineux occasionnés par le charroi des produits, etc.

C'est là un caractère, la permanence des causes de perte, qui est de nature à peser d'un grand poids dans la balance des inconvénients qu'entraînent, d'une part, la dérogation aux règles d'assiette, et, de l'autre, l'exploitation soit avant, soit après l'âge d'exploitabilité.

Ayant à choisir entre une perte de produits, accidentelle et temporaire, et un dommage susceptible de se renouveler indéfiniment, le choix ne saurait être douteux, et le simple bon sens veut qu'on prenne les dispositions nécessaires pour faire disparaître la cause du dommage, sauf à ménager la transition de l'état actuel à l'état désirable, de façon à répartir, sur un plus grand nombre d'années, la perte de produits inhérente à une exploitation tardive ou prématurée.

On y arrivera, en ne modifiant qu'en partie la marche des coupes pour les premières révolutions.

Exemple. Il s'agit d'un bois partagé en vingt coupes, situé en pente rapide, dont les exploitations ont toujours été faites, jusqu'à présent, de bas en haut, et dans lequel, cependant, l'impossibilité de construire des chemins de vidange, met l'adjudicataire dans la nécessité de transporter les bois de la coupe en exploitation, au travers d'autres coupes précédemment exploitées.

Le maintien d'un pareil état de choses est inadmissible. Il faut renverser l'ordre des coupes; mais on ne peut songer à effectuer ce changement sans transition, puisque de la coupe exploitable on tomberait dans les bois d'un an. On prendra donc les dispositions suivantes :

Pendant la première révolution, les cinq premières coupes seront assises dans les bois âgés actuellement de 16 à 20 ans; les cinq autres, dans les bois de 11 à 15 ans; les cinq suivantes, dans les bois de 6 à 10 ans, et les cinq dernières, dans les bois de 1 à 5 ans.

Un an après la première révolution, les cinq coupes situées à la partie supérieure de la pente, auront, en commençant par la plus élevée, de 5 ans à 1 an ; les cinq autres coupes auront de 10 à 6 ans ; les cinq suivantes, de 15 à 11 ans, et les cinq plus basses, de 20 à 16 ans.

Pendant la deuxième révolution , on commencera les exploitations par la coupe âgée de 15 ans, et on les continuera en descendant successivement jusqu'à la coupe inférieure, qui, alors, aura 25 ans; puis, on se portera à la partie supérieure où l'on trouvera des bois de 15 ans, et on descendra successivement jusqu'au milieu de la pente, où l'on terminera l'exploitation par des bois de 25 ans.

A partir de la troisième révolution, l'ordre définitif sera suivi, et, à partir de la quatrième, chaque coupe sera exploitée à l'époque correspondant précisément à son âge d'exploitabilité. Le maximum de la différence entre cet âge et celui où aura lieu l'exploitation, sera de 5 ans, tantôt en plus, tantôt en moins, pendant trois révolutions. Cela n'a rien d'exorbitant.

J'ai supposé un cas extrême, et par conséquent très-rare. La formation du plan d'exploitation des taillis n'exige pas ordinairement ces ménagements et ces précautions, dont je viens de donner des exemples. Toutes les fois que cette formation n'impose que des transpositions de parcelles d'une faible étendue ou le redressement des contours des coupes, les avantages qu'on réaliserait, en appliquant à l'opération les mesures transitoires indiquées précédemment, ne vaudraient pas ceux que procurerait l'établissement immédiat de l'état définitif.

Voilà pourquoi on se borne le plus souvent, dans les aménagements de taillis, à partager la forêt en coupes parfaitement régulières, qu'on exploite ensuite, de proche en proche, conformément aux règles d'assiette, en s'efforçant, il est vrai, autant que possible, de ne pas trop s'éloigner de l'âge d'exploitabilité, mais en considérant toutefois comme secondaires, les difficultés que rencontrerait l'accomplissement de cette dernière condition.

Dans tous les cas, et quand bien même on croirait devoir adopter un plan d'exploitation provisoire, il n'en faudrait pas moins arrêter le plan définitif, le plan normal, et c'est même la première opération à laquelle il conviendrait de procéder. Ce plan n'en serait pas moins appliqué sur le terrain, et le plan provisoire ne figurerait que sur le papier, sous la forme d'un état d'assiette motivé.

C'est dans cet état d'assiette que l'on pourrait comprendre les exploitations anormales, que réclameraient des portions de parcelles, qui se distingueraient du surplus par des caractères particuliers bien tranchés. Ainsi, qu'il y eût, par exemple, au milieu d'une parcelle de bois très-jeune, un bouquet de bois très-vieux, on prescrirait de régénérer ce bouquet le plus tôt possible, afin qu'il pût être de nouveau exploité, au moment où la parcelle, à laquelle il appartient, arriverait en tour d'exploitation.

Ces exploitations anormales, ces dérogations aux prescriptions du plan définitif doivent, encore une fois, être évitées autant que possible, et ne sont admissibles qu'en cas d'absolue nécessité.

On connaît maintenant la plupart des obstacles qui peuvent s'opposer à l'observation des règles d'assiette, et l'on voit qu'il n'y en a pas d'insurmontables. Cependant il en est un dont je n'ai pas parlé et qui le serait : c'est celui qui consisterait dans l'existence, au milieu d'un bois exploitable à un certain âge, d'une parcelle dont l'exploitabilité serait différente et qui devrait, en conséquence, arriver en tour d'exploitation, deux ou plusieurs fois dans le cours de la même révolution. Il est certain que cette parcelle ne pourrait être placée dans les conditions désirables de végétation, de vidange et de surveillance. Aussi, est-ce là un motif de plus pour que l'on ne mêle pas, dans le même aménagement, des bois exploitables à des âges différents.

Je l'ai déjà dit et je le dis encore en finissant, car je crois que cela est de la plus grande importance : l'application des deux premières règles d'assiette est de rigueur. J'insiste sur ce principe, parce qu'on semble le méconnaître généralement.

Les dommages causés par le couvert des bois voisins; ceux qui résultent de l'inefficacité de la surveillance rendue plus difficile; les frais qu'occasionne le réarpentage des coupes ou la recherche de lignes séparatives sinueuses; les dégâts même occasionnés par la vidange; tous ces inconvénients ne paraissent pas bien graves quand on les considère séparément; ils passent inaperçus, et, cependant, ils se traduisent finalement par une diminution, beaucoup plus forte qu'on ne croit, du produit net.

C'est surtout en matière d'exploitation forestière qu'il n'y a pas *de petites économies.*

ARTICLE IV.

CLASSEMENT DES PARCELLES CONFORMÉMENT AUX EXIGENCES DU RAPPORT
ANNUEL SOUTENU.

§ 1er.

Conditions nécessaires pour que le rapport annuel soutenu puisse être
réalisé.

Pour que l'on puisse retirer d'une forêt un rapport
annuel et soutenu, il faut, de toute nécessité, deux
choses :

1° Que les âges des différentes parcelles dont cette
forêt se compose, soient gradués de manière qu'il y
ait possibilité de livrer, chaque année, à l'exploitation,
une portion du peuplement, sans s'imposer de trop
grands sacrifices sur l'accroissement;

2° Que chacune de ces portions soit susceptible
de fournir, à l'époque fixée pour son exploitation, le
même produit et occupe, en conséquence, une étendue
inversement proportionnelle à sa puissance productive
comparée à un terme commun.

Établissons d'abord dans quels cas et à quelles conditions le rapport annuel est possible : nous cherche-
rons ensuite les moyens de rendre soutenu ce rapport
annuel.

Pour l'intelligence des principes relatifs, soit à l'âge

d'exploitabilité, soit à l'assiette des coupes, il n'était pas indispensable de supposer, comme nous l'avons fait dans les chapitres précédents, que la gradation des âges était parfaitement régulière et ne présentait pas de lacune. Ces principes trouvent en effet leur raison d'être, dès que l'on admet qu'il existe, dans une forêt, des massifs dont les âges diffèrent et qui demandent, par conséquent, à ne pas être exploités à la même époque.

La réalisation du rapport annuel exige, au contraire, qu'il y ait dans les âges une gradation, sinon parfaitement régulière et complète, telle, du moins, que ses défectuosités s'arrêtent à de certaines limites.

Quelles sont ces limites ?

Nous continuerons à nous maintenir dans l'hypothèse que l'âge d'exploitabilité de la majorité des parcelles est de 20 ans.

Nous classons ces parcelles dans les diverses colonnes du plan d'exploitation, et nous ne trouvons rien à porter dans les dix premières colonnes, ce qui montre que la forêt ne renferme pas de bois âgés de plus de 10 ans.

Si l'on voulait, dans cet état de choses, réaliser immédiatement le rapport annuel, il faudrait se résigner à exploiter des bois de 10 ans, et à perdre, en conséquence, le bénéfice de l'accroissement des 10 dernières années. Ce sacrifice serait considérable, et il est d'autant moins admissible que l'on consente à le faire, que des bois de 10 ans n'ont, d'ordinaire, qu'une très-faible valeur vénale. On attendra, pour commencer les exploitations, que l'on ait des peuplements plus âgés.

Donc, une première condition pour qu'une forêt soit immédiatement productive d'un rapport annuel, c'est qu'elle renferme des bois exploitables ou assez près de l'être, pour que l'on puisse en effectuer l'exploitation, sans subir une trop grande perte d'accroissement.

Au lieu de ne renfermer que des bois au-dessous de 10 ans, la forêt n'en renferme que de **15** à **20** ans.

Il est clair que si l'on ne voulait consentir à aucune perte sur l'accroissement, l'aménagement ne serait pas plus possible dans ce cas que dans le précédent, puisque après 5 ans, il n'y aurait plus de bois à exploiter ; la forêt se trouverait transformée en un jeune taillis de 1 an à 5 ans ; les coupes devraient être forcément interrompues.

Admettons que l'on tienne beaucoup à établir immédiatement le rapport annuel. Pour cela, il sera nécessaire de n'exploiter qu'en **20** ans le peuplement existant, et, dès lors, de laisser sur pied pendant encore **20** ans, des bois qui en ont déjà **15**. Ces bois auraient, à l'époque de leur abatage, **35** ans, soit **15** ans de trop. Il est probable qu'un âge aussi reculé ne saurait convenir ni à l'intérêt bien entendu du propriétaire, ni aux exigences de la reproduction.

Donc, une deuxième condition pour qu'une forêt soit productive d'un rapport annuel, c'est qu'outre des bois exploitables ou sur le point de l'être, elle en contienne d'assez jeunes pour que l'on puisse, sans de trop grands inconvénients, les laisser sur pied jusqu'à la fin de la révolution.

La forêt renferme des bois de 2 ans, de 20 ans, et de quelques autres âges intermédiaires; mais les bois de 3 à 12 ans manquent complétement. Pour assurer la continuité des produits, il faudrait remplir ces lacunes et remplacer les bois de 3 à 12 ans, absents, avec une partie de ceux de 2 ans et une partie de ceux de 13, et exploiter les uns 5 ans avant l'âge d'exploitabilité, les autres 5 ans après. Lorsque les vides à remplir sont trop grands, ils s'opposent à l'obtention immédiate du rapport annuel.

Donc, une troisième condition pour qu'une forêt soit productive d'un rapport annuel non interrompu, c'est que la différence d'âge entre les peuplements dont les exploitations doivent se suivre, soit telle qu'en la partageant en deux, on ait un nombre d'années qui ne dépasse pas le maximum de l'écart que l'on est disposé à tolérer entre l'âge d'exploitabilité, et l'âge correspondant à l'époque de l'exploitation.

Telles sont les conditions auxquelles le rapport annuel est subordonné, lorsque la révolution définitive est immédiatement applicable.

Si l'on était forcé d'adopter une révolution transitoire, il faudrait, en outre, que cette révolution fût assez longue pour que les parties de la forêt qui auraient été régénérées à son début, pussent être de nouveau exploitées à son expiration.

En résumé, le défaut de gradation dans les âges d'une forêt, peut être tel qu'il empêche absolument l'annualité du rapport ; il peut être tel que cette annualité ne soit possible qu'au moyen d'une révolution transitoire. Il peut enfin ne pas être assez grand pour s'opposer à ce qu'elle se concilie avec la révolution définitive.

Nous avons vu que l'application des règles d'assiette avait souvent pour résultat de faire modifier le tableau d'exploitation, ce qui entraînait la nécessité d'avancer ou de retarder l'abatage des peuplements dont le classement était changé. La réalisation du rapport annuel expose aux mêmes inconvénients.

Nous avons vu que, dans le classement suivant les règles d'assiette, pour diminuer, autant que possible, la perte d'accroissement occasionnée par la non-exploitation à l'âge d'exploitabilité, on pouvait être réduit à adopter un état d'assiette, c'est-à-dire, un plan provisoire d'exploitation. C'est un expédient auquel on a recours quelquefois pour réaliser le rapport annuel, quand la révolution est définitive, et qu'il faut nécessairement employer, quand elle est transitoire.

Il résulte de ce qui précède :

Que lorsque le tableau d'exploitation, dressé, tout d'abord, d'après l'âge d'exploitabilité, a été ensuite successivement modifié, une première fois pour qu'il se concilie avec les règles d'assiette, et, une seconde fois, pour qu'il présente une succession, non interrompue, de coupes annuelles, on peut avoir à assurer le rapport soutenu dans les circonstances suivantes :

1° Révolution définitive; marche des coupes, normale.

2° Révolution définitive; marche des coupes, provisoire.

3° Révolution transitoire; marche des coupes, provisoire.

§ 2.

Du rapport soutenu dans l'hypothèse d'une révolution définitive
et d'une marche des coupes, normale.

Le classement des parcelles dans le tableau d'exploitation est terminé. Chacune des colonnes de ce tableau présente, au total, une égale contenance ; le rapport annuel est assuré ; le rapport soutenu ne le serait que si les conditions de végétation étaient les mêmes pour toutes les coupes ; or, elles sont, au contraire, très-variables. Comment s'y prendra-t-on pour y remédier ?

On a imaginé, à cet effet, plusieurs moyens que je vais passer en revue ; je dirai ensuite dans quelle mesure leur emploi me paraît devoir être renfermé.

1. *Des moyens de remédier à l'inégalité des conditions de la végétation.*

1° On calcule le produit, par hectare, que donnera chaque parcelle au moment où elle arrivera en tour d'exploitation, et on le compare au produit moyen par hectare de la forêt. On obtient, ainsi, pour chaque parcelle, un rapport qui exprime de combien sa puissance productive est supérieure ou inférieure à la puissance productive moyenne, et qui indique, en même temps, ce qu'il serait nécessaire d'enlever ou d'ajouter à un hectare de cette parcelle, pour en obtenir un produit égal à celui de l'hectare pris pour terme de comparaison.

Le chiffre qui exprime le rapport par hectare entre le produit d'une parcelle quelconque et le produit moyen, est donc un coefficient par lequel il suffit de multiplier la contenance réelle de cette parcelle, pour connaître à quel nombre d'hectares d'une puissance productive moyenne équivaut cette contenance réelle.

Ce nombre est substitué dans le tableau de classement à la contenance réelle. On modifie en conséquence les totaux des colonnes, et s'ils sont inégaux, on y remédie en transportant, de proche en proche, et conformément aux principes exposés précédemment, l'excédant des colonnes trop riches, dans celles qui ne le sont point assez. Ces transferts en entraînent nécessairement d'autres lorsqu'on veut opérer rigoureusement ; car ils ont pour résultat d'avancer ou de retarder l'époque de l'exploitation des parcelles déclassées. On tient compte de cette circonstance, et, par des tâtonnements, par des remaniements successifs, on parvient à rendre les contenances des coupes, inversement proportionnelles à leur puissance productive.

Exemple : Le produit moyen par hectare x est représenté par l'unité. On trouve que calculé pour l'époque de son exploitation, le produit de la parcelle A sera de 50 pour 100 plus fort que le précédent. Il est donc représenté par le chiffre 1,50. On multiplie la contenance de la parcelle, qui est de 8 hectares, par 1,50; on obtient 12 hectares. On substitue ces 12 hectares aux 8 hectares portés dans le tableau de classement. Après avoir opéré de cette manière pour les autres parcelles, on constate que la colonne, dans laquelle figure la parcelle A, est trop riche et qu'il faut transporter une portion de cette parcelle dans la colonne voisine. C'est ce que l'on fait, mais ce transfert modifie nécessairement la puissance productive, par hectare, de la portion déclassée, puisque cette dernière ne sera pas exploitée à l'époque que l'on avait fixée primitivement. On tient compte de cette circonstance, en réduisant ou en augmentant proportionnellement la contenance fictive de ladite portion, etc., etc.

La principale difficulté dans l'application de ce procédé, porte sur l'évaluation du volume que les parcelles présenteront, quand arrivera le moment de les exploiter. Pour faire cette évaluation, il n'y a que deux moyens : calculer, d'après l'accroissement passé, l'accroissement futur, et ajouter l'un à l'autre ; ou bien, adopter comme devant être le volume qu'acquerra cette parcelle, celui d'un peuplement qui serait placé dans de semblables conditions de végétation, et qui aurait l'âge fixé pour son exploitation.

Le calcul de l'accroissement, d'après la marche antérieure de la végétation, est impossible dans les taillis, par beaucoup de motifs qu'il est inutile de développer ici, et, entre autres, parce que leur accroissement annuel suit ordinairement, jusqu'à l'époque de leur abatage, une progression qui ne permet pas de préjuger, avec quelque chance de succès, le volume qu'ils acquerront par celui qu'ils ont acquis.

C'est donc par la comparaison avec des massifs situés dans les mêmes conditions de végétation que l'on peut espérer de parvenir au but de ses recherches. Cette opération est plus ou moins difficile, suivant l'état des lieux et les caractères plus ou moins variés des parcelles que l'on envisage. Les exploitations effectuées dans la forêt même dont on règle l'aménagement, suppléent quelquefois aux termes de comparaison que la localité n'offre pas. S'il existait des données expérimentales sur l'accroissement annuel des différentes essences, suivant les sols, les climats et les modes d'exploitation, il suffirait de recourir à ces données pour obtenir les renseignements désirables. Malheureusement elles n'existent pas.

2° Le second moyen qui a été conseillé, pour rendre le rapport soutenu, consiste dans l'appréciation directe des éléments mêmes de la végétation, c'est-à-dire, des circonstances qui sont de nature à exercer une influence sur la production. On fait, pour ces éléments, les mêmes calculs que pour les produits présumés des parcelles, et on obtient de cette manière les coefficients qui servent à fixer les contenances qu'il faut donner à chaque coupe, pour en retirer le même produit.

On prend par exemple, pour terme de comparaison, un massif situé dans des conditions moyennes de végétation. On exprime par l'unité l'état du peuplement et la fertilité du lieu d'habitation. On compare à cette fertilité et à cet état de peuplement, la fertilité et l'état du peuplement de chaque parcelle. On obtient ainsi, pour chaque parcelle, deux facteurs. On multiplie ces deux facteurs l'un par l'autre ; le produit exprime précisément dans quel rapport se trouve la puissance productive de la parcelle que l'on considère, avec la puissance productive du massif choisi pour terme de comparaison.

Exemple : La parcelle A renferme un peuplement dont l'état est de un quart moins satisfaisant que celui du peuplement moyen pris pour type. Son terrain, son climat, son exposition dénotent une fertilité qui, comparée à celle du peuplement moyen précité, est moins bonne de un cinquième. Il en résulte que son coefficient de puissance productive est, pour l'état de peuplement, de **0,75**, et pour la fertilité du lieu d'habitation de **0,80**. En multipliant ces deux rapports l'un par l'autre, on trouve au produit **0,60**. Cela signifie que six dixièmes d'hectare ou soixante arcs d'un peuplement, placé dans des conditions ordinaires de végétation, équivalent, en puissance productive, à un

hectare de la parcelle A, et que pour rendre, par conséquent, la contenance de cette parcelle inversement
proportionnelle à sa puissance productive, il faut la
porter sur le tableau de classement pour une contenance fictive ou réduite, égale à son étendue réelle
multipliée par le coefficient 0,6.

Des deux procédés que je viens d'exposer, quel est le
meilleur?

C'est ce que j'ai maintenant à apprécier.

Pour peu qu'on y réfléchisse, il est facile de reconnaître que celui dont on a parlé en dernier lieu ne
constitue pas une méthode particulière ; qu'envisagé
d'une manière absolue et en soi, il serait même dépourvu de toute valeur pratique, et qu'il ne peut servir
qu'à compléter et à contrôler les renseignements sur
lesquels, par le premier procédé, on base ses appréciations.

Tous les deux reposent d'ailleurs, évidemment, sur
le même principe. Le second implique, comme l'autre,
que l'on connaît la production possible d'un peuplement, à un âge et dans des conditions de végétation
donnés ; et lorsqu'on compare entre eux les éléments
de cette végétation, un terrain à un autre terrain, un
état de peuplement à un autre état de peuplement, on
a nécessairement, pour éclairer cette comparaison, une
idée plus ou moins nette des résultats que ces éléments
seraient susceptibles de fournir à des époques déterminées. Sans cette idée indispensable, la comparaison
n'aurait pas de conclusion possible. Un terrain n'est

préféré à un autre, que parce que l'on présume qu'il rapportera davantage. Un état de peuplement est plus ou moins satisfaisant par des raisons analogues. Dans cette matière, comme dans toutes celles où il s'agit d'apprécier la valeur relative des agents physiques, on ne peut juger des causes que par leurs effets.

Le second procédé n'échappe donc pas à la difficulté que présente l'estimation du volume futur. Il rend, au contraire, cette difficulté plus grande en la compliquant, et il a, sous ce rapport, des exigences auxquelles il est impossible de satisfaire. Ainsi, il demande que l'on détermine l'influence particulière de chacun des éléments de la végétation sur le résultat futur plus ou moins éloigné de cette végétation ; il demande que l'on fasse, dans ce résultat, la part qui revient, soit à la fertilité du lieu d'habitation, soit à l'état du peuplement. Il implique, dès lors, que l'on trouvera autant de massifs placés dans des conditions spéciales qu'il y a d'éléments divers spécifiés. Cela n'est pas admissible, et cependant il faut remarquer que, dans l'exposé du procédé en question, on a partagé les éléments de la végétation en deux catégories seulement : l'une comprenant les circonstances relatives au peuplement, l'autre celles qui concernent la fertilité du lieu d'habitation. Les difficultés ou plutôt les impossibilités pratiques de ce procédé, dans l'état actuel de nos forêts, seraient bien plus manifestes, si l'on voulait former les coefficients de production en fonction de chacune de ces circonstances.

Le second procédé n'a pas, en définitive, de valeur propre, puisqu'il ne supplée pas au premier. Il est impraticable puisqu'il exige des appréciations que la nature des choses ne comporte pas. Son mérite est d'éclairer et d'assurer la marche de l'opérateur qui se propose de déterminer les rapports entre les puissances productives de divers peuplements. Ainsi, il l'oblige à apporter dans ses reconnaissances de la méthode et de la précision ; il lui apprend à contrôler, par des rapprochements nombreux, les résultats d'un premier examen, en vérifiant si les différences dans les productions qui seraient indiquées, soit par des exploitations antérieures, soit par des tables d'expérience, s'accordent avec celles que présenteraient les éléments de la végétation

A tous ces points de vue, l'examen attentif des circonstances qui sont de nature à exercer une influence sur la production, est d'un grand secours dans les opérations très-délicates auxquelles l'établissement du rapport soutenu donne lieu.

3° Indépendamment des deux moyens sur lesquels je me suis appesanti, un peu longuement peut-être, au gré de mes lecteurs, on a appliqué à l'établissement du rapport soutenu, un expédient que je dois faire connaître, ne fût-ce que pour fournir une nouvelle preuve de l'importance que certains auteurs attachent à l'égalisation des produits annuels.

On calcule, comme on le fait dans les autres méthodes, le volume de chaque coupe pour le moment de son exploitation ; puis on partage la révolution en un certain nombre de parties égales qui correspondent, chacune, à un même nombre de coupes ; et, enfin, au lieu de fixer sur le terrain les limites des coupes annuelles, on subordonne leur étendue au volume qu'elles présenteront quand elles arriveront en tour d'exploitation, ce qui veut dire que, chaque année, on exploite jusqu'à concurrence de la quantité obtenue, en divisant le volume total présumé d'une période par la durée de cette dernière.

Ce moyen n'est pas affranchi des incertitudes d'appréciation qu'offrent les précédents ; il y ajoute au contraire des chances d'erreur ; il complique l'exploitation, il en compromet la régularité, et ce, sans compensation, car de deux choses l'une : ou bien les exploitations annuelles se renfermeront précisément dans les limites qu'auraient eues les coupes, si on leur avait donné des contenances proportionnelles à leur puissance productive, ou bien, elles s'en éloigneront. Dans le premier cas, les précautions qui caractérisent le procédé en question auront été inutiles ; dans le second cas, qui est infiniment plus probable, une inévitable confusion se mettra dans l'assiette des coupes, et, pour réaliser le rapport soutenu pendant quelques années, on se condamnera à des anticipations ou à des déficit successifs qui ne tarderont pas à l'altérer profondément.

2. *Des limites dans lesquelles il paraît convenable de renfermer l'emploi des coefficients de production.*

Il ne faut pas se dissimuler que dans l'état d'irrégularité où sont généralement les forêts de notre pays, et en présence du très-petit nombre de renseignements positifs, que l'on a recueillis sur l'accroissement et la longévité des massifs, la réalisation du rapport soutenu, par la méthode des contenances réduites, est fort chanceuse. Il est donc prudent de ne l'essayer que dans des circonstances bien accusées et avec une grande circonspection.

Entrons, à ce sujet, dans quelques développements, cherchons quelques principes : nous les trouverons en nous rendant un compte exact de tous les éléments qui sont compris, comme données plus ou moins importantes, dans le problème à résoudre, problème qui consiste à déterminer la puissance productive d'une parcelle de bois.

A quoi tient cette puissance productive ? à quelles circonstances est-elle subordonnée ?

Elle est subordonnée :

1° Au temps, c'est-à-dire à l'âge qu'aura le massif quand il arrivera en tour d'exploitation ;

2° A l'état du peuplement, c'est-à-dire à la nature des essences, à leur consistance, à leur végétation ;

3° A la qualité du sol ;

4° Au climat, et, principalement, à la situation et à l'exposition.

Ainsi, le produit d'une parcelle, parvenue à l'âge fixé pour son exploitation, est la résultante des actions combinées de ces diverses causes.

C'est là ce qui complique la recherche des coefficients de production. C'est là ce qui rend difficile et souvent impossible le choix des peuplements indispensables pour la détermination de ces coefficients ; et le problème serait en conséquence simplifié d'autant plus, qu'il y aurait à tenir compte d'un moins grand nombre des circonstances précitées.

Or, parmi ces circonstances, les unes sont accidentelles et temporaires, tandis que les autres sont essentielles et permanentes. Les unes sont susceptibles d'un effet dont le caractère favorable ou défavorable peut être prévu avec une approximation suffisante, tandis que les autres sont susceptibles de se modifier et de ne produire aucun des résultats qu'on en attendait.

L'époque de l'exploitation, lorsqu'elle ne correspond pas à l'âge d'exploitabilité, est une circonstance temporaire; elle disparaîtra presque toujours à la deuxième révolution, mais son effet peut être prévu avec assez de certitude.

Le mauvais état de la consistance ou de la végétation, s'il résultait des vices de la culture ou d'un événement fortuit, serait encore une circonstance temporaire dont, en outre, dans la plupart des cas, l'influence ne saurait être préjugée ; car il arrive souvent qu'un massif dont la consistance et la végétation ne sont pas ce qu'elles devraient être, se complète et répare le temps perdu, avant d'arriver en tour d'exploitation.

Quant aux circonstances qui consistent dans la nature des essences, dans l'âge d'exploitabilité, dans la qualité du sol, dans le climat, elles sont à la fois permanentes et susceptibles d'un effet qu'il est difficile sans doute de préciser, mais dont il est possible de prévoir avec certitude le caractère.

On déduit, de ces observations, les principes suivants :

Les contenances inversement proportionnelles à la puissance productive des parcelles, ne sont presque jamais admissibles, lorsqu'elles n'ont d'autre motif que la nécessité d'exploiter, pendant une révolution, certaines parcelles, soit avant, soit après l'âge d'exploitabilité. Elles ne le sont pas davantage, quand la différence, dans les productions présumées, tient à un état de consistance ou de végétation dont les causes sont fortuites, indépendantes des conditions naturelles dans lesquelles est placée la forêt.

Il y a deux raisons pour que l'on ne tienne pas compte de ces circonstances :

La première, c'est qu'il est, en général, comme on vient de le faire observer, difficile de déterminer leur influence sur la production; la seconde, c'est qu'en admettant qu'on y parvînt, on se condamnerait à modifier de nouveau les contenances des coupes, après la première révolution, chose que l'on doit éviter autant que possible.

Les caractères essentiels, permanents, qui dérivent de l'exploitabilité, de la nature des essences, de la qualité du terrain et du climat, sont les seuls qu'il convienne ordinairement de prendre en considération, et encore faut-il qu'ils soient bien prononcés.

Si dans nos **200** hectares de taillis exploitables, presque tous, à **20** ans, nous avions des parcelles dont l'âge d'exploitabilité serait de **10** ans, il y aurait tout lieu de croire que ces parcelles ne fourniraient pas, par hectare, le même produit que le surplus de la forêt; il serait donc nécessaire, pour réaliser le rapport soutenu, d'augmenter proportionnellement l'étendue des coupes dont elles feraient partie.

La diversité des essences, toutes les autres circonstances étant égales d'ailleurs, pourrait justifier une mesure analogue : ainsi, un taillis de châtaignier exploité à **20** ans, fournirait probablement, par hectare, un plus grand produit qu'un taillis de chêne que l'on couperait au même âge.

Voici des parcelles dont le sol est très-mauvais. L'expérience a prouvé que, dans un temps donné, la production par hectare de ce taillis est à peine égale aux trois quarts de celle du surplus de la forêt. Ce n'est certainement pas avec le maintien du mode d'exploitation en taillis, que le sol pourra jamais s'améliorer, et, dès lors, un coefficient de fertilité est applicable à ces parcelles.

En ce qui concerne le climat, c'est surtout l'influence de l'exposition qu'il importe de ne pas négliger, lorsqu'on veut rendre les contenances des coupes inversement proportionnelles à leur puissance productive. Un taillis, situé sur une pente méridionale, sera évidemment beaucoup moins productif qu'un taillis exposé au nord.

Mais, je ne me lasserai pas de le dire, l'emploi des coefficients de production dans la fixation des contenances des coupes annuelles, ne doit avoir lieu que dans des cas exceptionnels. Il n'y faut recourir que lorsque les différences dans les conditions de la végétation sont bien tranchées, et portent sur des étendues assez considérables, pour que la compensation entre le bon et le mauvais soit impossible dans la même coupe. Il n'y faut recourir encore que lorsque l'établissement du rapport soutenu n'est pas réalisable, par le moyen plus rationnel et plus sûr de la division préalable de la forêt en séries (1).

§ 3.

Du rapport soutenu dans l'hypothèse d'une révolution définitive et d'une marche des coupes, provisoire.

Dans l'article sur la formation du tableau des exploitations, conformément aux règles d'assiette, j'ai montré qu'il était convenable, pour les taillis, quelles que dussent être d'ailleurs les coupes anormales qu'exigerait, pendant plus ou moins longtemps, l'état du peuplement, d'arrêter l'ordre définitif des coupes et de l'établir sur le terrain.

Dans ce que nous venons de faire observer, relativement aux exigences du rapport soutenu, il n'y a rien qui

---

(1) Voir pour les séries, la quatrième étude.

soit de nature à détruire cette convenance. Nous avons
reconnu, en effet, qu'il n'y avait pas lieu de se préoccuper de l'influence des circonstances accidentelles et
temporaires sur le rendement des coupes ; or, les circonstances qui motivent l'adoption d'un plan provisoire
sont nécessairement toujours accidentelles et temporaires, et, par conséquent, les contenances respectives
des coupes doivent être fixées comme elles le seraient,
si la rotation normale pouvait être immédiatement appliquée.

§ 4.

Du rapport soutenu dans l'hypothèse d'une révolution transitoire et d'une
marche des coupes, provisoire.

Les circonstances qui réclament une révolution transitoire, sont accidentelles comme celles qui réclament
un plan provisoire, et ne sauraient dès lors justifier
une division de coupes qu'il faudrait nécessairement
modifier à l'expiration de cette révolution transitoire.

Le nombre, la contenance et l'ordre des coupes seront donc, comme dans le cas précédent, fixés sur le
terrain conformément aux exigences de l'état normal.

On pourra toutefois, dans le plan ou plutôt l'état
d'assiette provisoire qu'on dressera pour la première révolution, ajouter arbitrairement à la coupe réglementaire
une contenance plus ou moins grande, selon la consistance du peuplement.

Il faut remarquer que la révolution transitoire ne

permettant pas de renfermer les coupes à faire durant cette révolution, dans les limites normales, il n'y a pas de raison d'ordre qui demande qu'on fasse taire absolument devant elle les convenances du rapport soutenu, l'intérêt de l'égalisation des produits annuels.

ARTICLE V.

RÉSUMÉ ET CONCLUSION.

Résumons-nous :

L'abatage à l'âge d'exploitabilité,

L'application des règles sur l'assiette des coupes,

La réalisation d'un rapport annuel et soutenu,

Tels sont les résultats que l'on doit se préoccuper d'assurer dans la formation du plan d'exploitation du taillis simple.

Plusieurs causes peuvent s'y opposer :

1° La situation relative des parcelles d'âges différents;

2° La différence des âges d'exploitabilité des peuplements de ces parcelles;

3° Le défaut de gradation dans les âges;

4° L'inégalité dans les puissances productives des parcelles.

Les deux premières causes contrarient l'obtention des deux premiers résultats; le fâcheux effet de l'une d'elles, la seconde, est irrémédiable : lorsque l'exploitabilité n'est pas la même pour toutes les parcelles, il n'est pas possible de les faire arriver en tour d'exploitation à l'époque correspondant à cet âge, sans s'écarter des prescriptions des règles d'assiette, et *vice versâ;* aussi, doit-on s'abstenir de comprendre dans le même aménagement des peuplements exploitables à des âges différents. Quant aux obstacles qui proviendraient de la situation relative des parcelles, on les surmonte en se condamnant à une perte temporaire d'accroissement; et comme, dans les taillis, la révolution n'est pas assez longue pour que cette perte soit jamais bien considérable, on néglige ordinairement de la répartir sur plusieurs révolutions, à moins que l'intérêt de la reproduction ne le réclame.

Les autres causes qui intéressent particulièrement le rapport soutenu, exigent aussi des sacrifices d'accroissement : ainsi, pour rétablir dans les âges la gradation convenable, il est nécessaire d'exploiter, une ou plusieurs fois, un nombre plus ou moins grand de parcelles, soit avant, soit après l'âge d'exploitabilité ; mais, par la raison que je viens de donner, il est rare que l'on ne puisse pas, à cause des pertes qui en résulteraient, procéder immédiatement à l'établissement de l'ordre définitif.

Pour ce qui est de l'inégalité dans les puissances productives des parcelles, elle tient à plusieurs circonstances plus ou moins dignes d'attention, et qui se partagent en deux catégories bien distinctes :

Les unes sont accidentelles et temporaires, les autres sont permanentes.

Si l'on tenait compte des premières, on nuirait infailliblement à la régularité des exploitations, laquelle est très-importante à obtenir; on retarderait la réalisation de l'état normal, résultat non moins désirable. On ne doit donc, en principe, attacher de l'importance qu'aux différences qui porteraient sur la nature des essences, sur leur exploitabilité, sur la qualité du sol, sur la nature du climat, et qui seraient susceptibles d'entraîner des variations sensibles dans les produits annuels. Pour les taillis, ces variations sensibles se présentent rarement, et quand elles se présentent, la division de la forêt en séries permet presque toujours d'y obvier et de se dispenser des calculs très-incertains que nécessiterait la détermination de contenances inversement proportionnelles à la puissance productive. — De sorte que, en définitive :

Lorsqu'on veut régulariser l'exploitation d'une forêt traitée en taillis simple, on se borne ordinairement à la partager en coupes régulières, d'égales contenances, exploitables de proche en proche, dans le sens prescrit par les règles d'assiette.

C'est en cela que consiste l'opération essentielle de l'aménagement, et mes lecteurs, qui ne l'ignorent pas, auront été peut-être surpris des combinaisons plus ou moins applicables, des hypothèses plus ou moins vraisemblables, et des détails plus ou moins importants dont j'ai fait précéder cette conclusion ; ils se seront dit

plus d'une fois : Est-ce que l'on se donne tant de peines
pour former le plan d'exploitation d'un taillis? est-ce
qu'on y met tant de façons?

Je dois répondre à ces objections :

Les diverses combinaisons que j'ai exposées ne sont
point restées à l'état de pures spéculations; on les a
pratiquées, on les pratique encore, même dans les
taillis. Toutefois, leur utilité, pour les peuplements de
ce genre, est souvent contestable, et si, malgré cela, je
les ai étudiées avec une attention qui peut, au premier
abord, paraître superflue, c'est parce que je me préoc-
cupais de leur application dans les forêts soumises aux
autres modes de culture. En traitant de l'aménagement des futaies, nous retrouverons les exigences que
nous avons rencontrées dans celui des taillis. Nous les
retrouverons agrandies, et nous reconnaîtrons que pour
y satisfaire, dans la formation du plan d'exploitation,
il est souvent nécessaire de recourir aux combinaisons
dont il s'agit.

Parmi les suppositions qui auront probablement le
plus étonné ceux de mes lecteurs qui ne considèrent
que le côté pratique des choses, il en est deux surtout
qui ont dû les frapper : .

J'ai, par exemple, admis la possibilité de distinguer
dans la description spéciale et dans le parcellaire qui
l'accompagne, les peuplements dont les âges ne diffèrent que d'un an. J'ai admis, en outre, que le parcellaire pouvait être assez détaillé pour que chaque coupe
contînt plusieurs parcelles.

Ces suppositions, évidemment forcées, avaient pour
but de faciliter mes démonstrations, de rendre plus
intelligible, en le complétant, le mécanisme de la formation du plan d'exploitation. Pour faire comprendre
ce mécanisme, il ne fallait pas seulement le réduire à
la plus simple expression, en l'étudiant dans les taillis,
il fallait supposer toutes les conditions propres à mettre
en évidence jusqu'aux plus petits de ses rouages.

En théorie, on est absolu, on ne recule devant aucune hypothèse, lorsqu'elle est utile à une démonstration, et qu'elle n'est pas d'ailleurs manifestement
contredite par la nature des choses.

En pratique, on fait ce que l'on peut, dans l'ordre
des choses réellement utiles; mais pour ne point se
tromper dans le choix des choses possibles et utiles, il
est indispensable d'être pénétré de tout ce que comporterait l'application rigoureuse de la théorie.

En réalité, on ne s'attache pas, dans la division
d'une forêt en parcelles, à ces nuances à peine percep-
tibles qui résulteraient de l'accroissement d'une année
en plus ou en moins. En réalité, on fait ordinairement
ces parcelles assez grandes pour que l'on puisse en
former plusieurs coupes; on néglige, enfin, beaucoup
de détails auxquels je me suis cependant arrêté. Ai-je
eu tort d'agir ainsi? — Je ne le pense pas.

Il serait peu rationnel de voir la preuve d'un esprit
minutieux dans les soins apportés à l'étude d'une question. Tous les préceptes petits ou grands que l'on déduit
de cette étude, apprennent, en supposant qu'ils ne

trouvent pas leur application sur le terrain, à observer avec méthode et avec fruit, et à ne négliger dans ses investigations aucun point essentiel. — C'est un précieux avantage.

Ce n'est pas dans la théorie que l'on doit craindre les détails; ils ne sont jamais inutiles quand ils sont mis à la place convenable, et ils sont même nécessaires pour l'enchaînement logique des idées, la force du raisonnement. C'est dans la pratique seulement que les détails peuvent être regrettables ; mais je crois que c'est précisément quand on s'est appliqué à ne pas les négliger dans le premier cas, que l'on s'en affranchit avec le plus d'à-propos dans le second.

CHAPITRE TROISIÈME

Du plan d'exploitation dans les futaies traitées par la méthode du réensemencement naturel et des éclaircies périodiques.

En continuant mon étude sur la formation du plan d'exploitation dans les aménagements de forêts, je crois devoir prévenir que l'on tirerait peu de profit de ce que j'ai à dire sur les futaies, si l'on n'avait pas présents à la mémoire les principes et les considérations que j'ai développés, en traitant la même question pour les taillis. Je serai en effet obligé, d'abord, pour éviter des redites fastidieuses, et ensuite pour mettre en relief les points essentiels et fondamentaux de l'opération qui va faire l'objet de ce chapitre, de sous-entendre beaucoup de points secondaires et beaucoup de détails qui ont été discutés dans le précédent.

Qu'on ne s'étonne pas de cet avertissement; si je me donne la peine d'écrire, ce n'est pas précisément pour les gens instruits, c'est pour ceux qui seraient embarrassés de donner une définition exacte et complète des mots *série, affectation, classe d'âge, parcelle,* etc., et qui procèdent à un martelage sans se soucier d'autre chose que de ce qui se trouve dans l'enceinte de la coupe; sans songer qu'entre cette coupe et le surplus de la forêt, il existe une solidarité dont ils devraient tenir compte; sans se préoccuper enfin le moins du monde de subordonner leurs opérations à un plan d'ensemble, seul moyen pourtant de les faire concourir à un même but.

Ces erreurs, profondément regrettables, seraient évidemment moins communes, si la notion du plan d'exploitation était plus répandue.

ARTICLE PREMIER

DES RAISONS CULTURALES QUI S'OPPOSENT A CE QUE L'ON ADOPTE, POUR LE TABLEAU DES EXPLOITATIONS DES FUTAIES, LE MÊME CADRE QUE POUR CELUI DES TAILLIS.

Nous avons à régler la marche et la quotité des exploitations d'une futaie, dont la contenance est de 200 hectares, dont les parcelles sont toutes exploitables à 100 ans; nous avons sous les yeux le cahier de la description spéciale, et le plan topographique sur lequel chaque parcelle figure avec l'indication de son étendue et de son âge; essayerons-nous, et suffirait-il, pour atteindre le but que nous nous proposons, de remplir un tableau semblable à celui que nous avons dressé pour le taillis simple et qui comprendrait, en conséquence, autant de colonnes qu'il y a d'années dans l'âge d'exploitabilité, ou ce qui revient au même, dans la révolution?

Un semblable travail rencontrerait des difficultés mécaniques presque insurmontables, dans le grand nombre des colonnes entre lesquelles devrait se faire la répartition des parcelles; mais il y a pour ne pas l'entreprendre une raison culturale péremptoire, raison qui consiste en ce que l'application de la méthode du réensemencement naturel et des éclaircies périodiques ne pourrait se concilier avec un plan, dans lequel la contenance, l'emplacement et l'époque des coupes annuelles, seraient préalablement et invariablement fixés.

Admettons, en effet, que, surmontant les difficultés mécaniques de la répartition des parcelles, on soit parvenu à classer ces dernières dans les cent colonnes du tableau d'exploitation; supposons que la gradation des âges étant parfaitement régulière et les conditions de végétation uniformes, on ait trouvé une égale contenance pour le total de chaque colonne; faisons abstraction des règles d'assiette.

Nous serait-il permis d'affirmer, en présence de cet état de choses, que le plan d'exploitation ne laisse rien à désirer, et qu'il ne reste plus qu'à l'appliquer sur le terrain?

Nous n'y serions nullement autorisé, et c'est ce dont on s'assurera facilement, si on se rappelle, d'une part, le troisième des principes que nous avons posés comme l'une des bases essentielles d'un bon plan d'exploitation, et de l'autre, les règles de culture relatives au traitement des futaies destinées à être régénérées par les semis naturels.

Que dit ce principe? — Que l'on doit établir pour la répartition des produits à réaliser, dans le cours de la révolution, un règlement qui, tout en se conciliant avec les exigences de la culture, soit de nature à assurer le rapport annuel soutenu.

Que disent ces règles? — Que l'exploitation des massifs à régénérer doit être faite en plusieurs fois, si l'on veut procurer d'abord l'ensemencement complet du terrain, placer les graines dans les conditions les plus favorables à leur germination, et ne livrer ensuite les jeunes repeuplements aux influences de l'atmosphère qu'avec les ménagements que réclame leur tempérament.

On ne saurait donc prévoir le nombre d'arbres que l'on abattra dans la coupe d'ensemencement; on ne saurait préciser ni l'époque, ni l'importance, ni l'emplacement de la coupe secondaire et de la coupe définitive; on ne saurait enfin fixer le rang de chacune des coupes de régénération, lui donner un numéro d'ordre et l'exploiter dans l'année correspondante; et, par conséquent, un plan dans lequel ces différents points seraient arrêtés, violerait les règles élémentaires de la culture. Nous verrons plus tard que tous les efforts faits pour concilier ces règles avec le rapport soutenu

et les avantages inhérents à la détermination, par
contenance, des coupes annuelles, n'ont abouti et ne
pouvaient aboutir à aucun résultat pratique. Pour le
moment, je me borne à constater qu'il n'est pas possible
de régler d'avance dans une futaie, comme on a proposé de le faire dans les taillis, l'ordre dans lequel se
succéderont les coupes principales annuelles.

Ce que je dis pour les coupes principales s'applique
aussi, quoiqu'à un degré moindre, aux coupes intermédiaires, c'est-à-dire aux nettoiements et aux
éclaircies.

Ces coupes ont, dans les futaies, une importance
qui ne permet jamais de les négliger, et comme les
peuplements de l'espèce suivent, dans leur développement, une marche moins régulière que les taillis, on
ne saurait prévoir aussi sûrement à quel âge ils auront
besoin d'être nettoyés ou éclaircis.

Ainsi, pas de doute à cet égard : le cadre adopté
pour la formation du tableau d'exploitation des taillis,
est inadmissible pour la formation du même tableau
dans les futaies, traitées par la méthode du réensemencement naturel et des éclaircies périodiques. Il est
inconciliable avec les principes de la culture, surtout
quand on les considère dans leur application aux
coupes principales.

ARTICLE II.

DE LA DIVISION DE LA RÉVOLUTION EN PÉRIODES ET DU PARTAGE DE LA
FORÊT EN AFFECTATIONS CORRESPONDANTES.

Le cadre dont nous nous sommes servis pour dresser le tableau des exploitations du taillis simple offre cependant de grands avantages, au triple point de vue de la simplicité, de la facilité et de la sûreté qui en résultent pour la marche de ces exploitations. Il est désirable, en conséquence, que l'on s'en écarte le moins possible dans la formation du tableau d'exploitation de la futaie, et que l'on y apporte seulement les modifications impérieusement commandées par l'intérêt de la conservation et de la régénération des massifs.

Si on ne peut prévoir l'année dans laquelle devra se faire une partie quelconque des coupes de régénération, sur un point déterminé, on peut, sans se tromper, assurer que cette coupe aura lieu dans une certaine période de temps.

Étant donné un massif exploitable en vingt années, si on ne peut, sous peine de compromettre sa régénération, prescrire de le couper par vingtième de sa contenance et fixer, en outre, l'ordre dans lequel les vingt coupes devront se succéder, on comprend qu'en laissant à un forestier capable la faculté d'exploiter ledit massif de la manière qu'il jugera la plus convenable, il se charge de le régénérer complétement dans le même délai.

Ceci admis, il s'ensuit que s'il n'est pas possible d'arrêter, dans le plan d'exploitation d'une forêt divisée en cent parties, exploitables en cent ans, l'ordre dans lequel ces cent parties devront être successivement exploitées et régénérées, il est permis de vouloir et de prescrire que l'on coupe et que l'on régénère, dans un certain nombre d'années, préalablement fixé et obligatoire, un même nombre de parties considérées dans leur ensemble.

Quel sera ce nombre d'années, quelle sera la durée de la période pendant laquelle l'assiette des coupes devra rester indéterminée ?

Il est aisé de le deviner :

Cette durée sera au moins égale au double de l'intervalle probable de temps qui séparera, pour un même point, la coupe d'ensemencement de la coupe définitive. Si cet intervalle est de 10 ans, la durée de la période devra être au moins de 20 ans ; s'il est de 5 ans, la période pourra être réduite à 10 ans ; s'il était égal à zéro, ce qui signifierait que, par une seule et même coupe, on pourrait enlever tous les arbres exploitables et assurer le repeuplement, la période deviendrait nulle, et la fixation par contenance des coupes annuelles, possible.

Plaçons-nous dans la première hypothèse d'un intervalle de 10 ans, entre la coupe d'ensemencement et la coupe définitive. Supposons aussi, pour ne pas compliquer inutilement la démonstration, que les coupes claires ou secondaires ne soient pas nécessaires, et que les arbres exploitables dans une contenance déterminée, se distribuent par portions égales, entre la coupe d'ensemencement et la coupe définitive. Mettons-nous, enfin, en présence de la forêt que nous avons déjà prise pour exemple, laquelle serait une futaie partagée en cent parties, exploitables en cent ans. Cette année, nous nous transporterons dans la partie la plus âgée, et nous y procéderons à une coupe d'ensemencement ; mais cette coupe ne devant nous donner que la moitié des arbres que nous aurions à prendre, si nous n'avions à nous préoccuper de la régénération, nous comblerons le déficit en pratiquant une autre coupe d'ensemencement sur toute la partie contiguë. L'année prochaine, nous ferons, par des raisons analogues, les premières coupes de régénération sur la troisième et la quatrième partie, et dans dix ans, c'est-à-dire à l'époque où nous pourrons revenir au point de départ, pour commencer les coupes définitives, nous aurons les vingt parties les plus âgées de la forêt, à l'état de coupes d'ensemencement. Or, il est clair que celles de ces vingt parties qui auront été mises les dernières en cet état, ne pourront être exploitées définitivement que 10 ans plus tard, c'est-à-dire dans 20 ans.

La durée de la période, pendant laquelle l'assiette et la contenance des coupes resteront incertaines, dépend donc de la promptitude plus ou moins grande avec laquelle les peuplements sont susceptibles de se régénérer par les semences. Toutes les essences ne présentent pas, sous ce rapport, les mêmes propriétés. La nature du climat et la qualité du sol influent d'ailleurs beaucoup sur les repeuplements naturels. Toutefois, on peut porter à 10 ans, au maximum, le délai nécessaire pour la régénération suffisamment complète d'un peuplement quelconque, si l'on a soin, d'ailleurs, de venir en aide à la nature par des travaux intelligents. Les forestiers qui ne parviennent pas à obtenir des repeuplements naturels, qui sont disposés à les croire impossibles, et qui en accusent la force des choses, devraient en accuser surtout leur incurie. Il est probable qu'ils changeraient d'avis s'ils prenaient quelques soins pour faciliter ces repeuplements par des préparations de terrain faites en temps opportun, etc. Au surplus, si, malgré toutes les précautions prises, il devait s'écouler plus de 10 ans entre la coupe d'ensemencement et la coupe définitive, je conseillerais de recourir alors aux repeuplements artificiels, afin de ne pas être amené à prolonger la durée de la période d'exploitation. En effet, il ne faut pas perdre de vue que tout retard dans la régénération d'un peuplement exploitable, se traduit par une diminution dans le revenu, et qu'on méconnaîtrait les règles d'une saine économie, si on permettait que le chiffre de cette diminution pût s'élever au-dessus des frais qu'occasionnerait le semis ou la plantation du terrain à régénérer.

Une autre considération pour ne pas prolonger au delà de **20** ans la durée de la période dont nous nous occupons, c'est qu'il convient de restreindre, autant que possible, la faculté de comprendre dans les exploitations, des bois qui ne sont pas encore parvenus à l'âge d'exploitabilité.

A ces principes ajoutons-en un autre : il importe beaucoup que la période en question contienne un nombre d'années qui soit une partie aliquote de la révolution. S'il n'en était pas ainsi, on se verrait obligé d'adopter pour les périodes successives de cette révolution une durée inégale, et on s'exposerait dès lors, soit à rester en deçà, soit à aller au delà du terme reconnu le plus convenable, eu égard aux exigences de la culture.

Ces préliminaires posés, mes lecteurs doivent maintenant prévoir quelles sont les modifications que nous ferons subir au tableau d'exploitation du taillis, pour l'approprier à la futaie. Au lieu de dresser un cadre comprenant autant de colonnes qu'il y a d'années dans la révolution, et précisant la partie de forêt, la parcelle ou portion de parcelle à régénérer chaque année, nous nous bornerons à ouvrir autant de colonnes qu'il y a de périodes dans la révolution, et à préciser la partie de forêt, les parcelles et portions de parcelles, à régénérer dans le cours de chaque période. Le plan d'exploitation ne fixera plus l'assiette et la contenance de chaque coupe principale annuelle ; il fixera seulement l'assiette et la contenance des coupes principales,

considérées en bloc, à faire dans chacune des périodes
de la révolution. La révolution étant, par exemple, de
100 ans, et le temps reconnu nécessaire pour régénérer naturellement le peuplement, étant de 10 ans,
il ne s'agit plus de former un plan qui fournisse,
chaque année, une coupe dont le produit soit constant, il s'agit d'en former un qui partage la forêt en
cinq parties, exploitables chacune dans une période de
20 ans, et qui soient telles qu'on en obtienne autant
que possible des produits égaux.

Ces parties de forêt à régénérer successivement dans
les périodes d'une révolution ont reçu le nom d'*affectations*. On les distingue l'une de l'autre par un numéro d'ordre différent, selon qu'elles correspondent
à la première, à la deuxième, etc., ou à la dernière
période (1).

---

(1) Quand les idées que je viens d'exposer sur la formation des affectations ont été publiées pour la première fois dans les *Annales forestières*, elles ont soulevé des objections. Voici ces objections et la
réponse que j'y ai faite. On verra que je suis d'accord avec mon contradicteur sur l'influence que peuvent avoir les coupes secondaires en
ce qui concerne la durée de la période; mais je ne peux rien concéder
sur les autres points.

OBJECTIONS.

« Monsieur le rédacteur,

» Dans votre article sur la formation du plan d'exploitation, vous
dites que la durée de la période doit être au moins égale au double
de l'intervalle qui séparera la coupe d'ensemencement de la définitive;
si cet intervalle est de dix ans, la durée de la période devra être au
moins de vingt ans. — Pour le démontrer, vous vous placez dans cette

Je viens de démontrer la nécessité de ne pas se
limiter dans l'année, pour l'assiette des coupes principales, dont le plan d'exploitation est destiné à régler
la marche. La même nécessité existe souvent pour les
coupes intermédiaires, car elles sont plus ou moins

---

hypothèse que les coupes claires n'étant pas nécessaires, les arbres
exploitables dans une contenance déterminée se distribueront par portions égales entre la coupe d'ensemencement et la coupe définitive.
Partant de là, vous arrivez très-logiquement aux conséquences annon-
cées.

» Mais si vous vous étiez mis dans une hypothèse plus conforme à la
généralité des circonstances, en admettant, par exemple, que la coupe
claire doit être faite cinq ans après la coupe sombre, la coupe définitive
cinq ans après la coupe claire, et que les bois exploitables se distribuent
par portions égales et par *tiers* entre les trois coupes de régénération,
la conclusion eût été bien différente ; car on peut dire, en suivant votre
méthode de démonstration et en se mettant en présence d'une futaie
partagée en cent parties exploitables en cent ans, savoir :

» La première année, nous nous transporterons dans la partie la plus
âgée, et nous y ferons coupe sombre ; mais cette coupe ne devant nous
donner que le tiers du matériel sur pied, nous comblerons le déficit en
pratiquant deux autres coupes d'ensemencement sur toute l'étendue
des deux autres parties successivement contiguës. L'année suivante,
nous ferons, par des raisons analogues, les premières coupes de régénération sur les quatrième, cinquième et sixième parties, et dans cinq
ans, c'est-à-dire à l'époque où nous pourrons revenir au point de départ, pour commencer les coupes secondaires, nous aurons les quinze
parties les plus âgées de la forêt à l'état de coupes d'ensemencement ;
cinq ans plus tard, c'est-à-dire dix ans après l'ouverture de la période,
ces mêmes quinze parties seront à l'état de coupes secondaires. Or, il
est clair que celles de ces quinze parties qui auront été mises les dernières dans cet état ne pourront être exploitées définitivement que cinq
ans plus tard, c'est-à-dire *dans quinze ans.*

» Au résumé, dans la plupart des cas, pour les futaies de sapin et de
hêtre, ne serait-on pas fondé à dire que la durée de la période doit être
au moins égale au triple de l'intervalle supposé constant qui sépare,

impérieusement subordonnées aux autres. On ne pourrait, par exemple, affirmer que, telle année, telle parcelle aura besoin d'être éclaircie, puisqu'on ne sait pas
à quelle époque elle sera régénérée; mais on peut
affirmer qu'elle aura besoin de l'être dans la période

---

soit la coupe d'ensemencement de la coupe secondaire, soit la coupe secondaire de la coupe définitive, ou, en d'autres termes, égale à l'intervalle qui s'écoule entre la coupe sombre et la coupe définitive, augmenté de sa moitié ?

» La durée des périodes *et par conséquent celle des révolutions*
serait donc ainsi un multiple de trois, dans tous les cas où il serait
nécessaire de passer par trois coupes, pour consommer la régénération
des massifs. Mais d'autres considérations plus importantes devant présider au choix du terme d'exploitabilité, ne sera-t-on pas très souvent
forcé de négliger cette condition, à laquelle vous voulez subordonner la
durée des périodes ?

» Voilà ma première objection; je vous demande aussi une explication à propos du deuxième paragraphe de la page 285. « Une autre
» considération, dites-vous, pour ne pas prolonger au delà de vingt
» ans la durée de la période, c'est qu'il convient de restreindre, autant
» que possible, la faculté de comprendre dans les exploitations des bois
» qui ne sont pas encore parvenus à l'âge d'exploitabilité. »

» Si je comprends bien, vous entendez par là prendre des garanties
contre la négligence ou la légèreté des agents chargés d'exécuter un
aménagement, et suspects d'entamer d'abord les massifs les moins âgés
de l'affectation. Mais n'a-t-on pas, pour les maintenir dans la bonne
voie, un plan d'exploitation spécial, indiquant l'ordre dans lequel les
parcelles qui composent cette affectation devront venir successivement
en tour d'exploitation? Quant à ceux qui prendraient à tâche d'enfreindre
les dispositions de l'aménagement, les courtes périodes ne les arrêteront
pas. Il semble, au contraire, que plus la période sera courte, plus souvent on se trouvera dans la nécessité d'entamer, avant son expiration,
les massifs de l'affectation contiguë, par suite de l'insuccès des coupes
d'ensemencement ou des coupes secondaires pratiquées dans l'affectation de la première période, et, s'il faut ainsi anticiper, voilà nos
agents pleinement investis de la faculté dont vous vouliez les priver.

qui suivra celle de sa régénération ; en sorte que, lorsque les affectations sont constituées, lorsqu'on est fixé sur la période dans laquelle une parcelle devra être obligatoirement régénérée, il devient aisé de se

---

» Jusqu'à preuve contraire, je ne reconnais donc à la courte durée des périodes qu'un seul avantage, celui de faciliter la recherche de la possibilité, en diminuant les chances d'erreur inhérentes aux calculs d'accroissement. Vous posez ensuite en principe que la durée de la période doit être une partie aliquote du chiffre de la révolution, sous peine de s'exposer soit à rester en deçà, soit à aller au delà du terme reconnu le plus convenable, eu égard aux exigences de la régénération.

» Cette conséquence me paraît très-contestable, et je n'attribue à l'égalité des périodes qu'un mérite de symétrie ; je vais plus loin : il serait plus commode, à mon gré, d'admettre en principe l'inégalité des périodes, parce qu'il est rare que les parcelles, telles qu'on les a tout d'abord établies sur le terrain, puissent être *exactement* colloquées dans des périodes *égales*.

» De là résulte que, pour égaliser les affectations périodiques, il faut après coup venir scinder les parcelles au moyen de lignes de contenance qui compliquent inutilement le parcellaire et surchargent les plans. Ne serait-il pas plus simple de proportionner la durée des périodes à la contenance des parcelles ou des groupes de parcelles ?

» Par exemple, étant donnée une forêt de 100 hectares, aménagée à cent ans, et partagée sur le terrain d'après les considérations de situation, de consistance et de fertilité, en cinq parcelles dont les contenances seraient de 40, 12, 15, 18 et 15 hectares ; quel inconvénient, je le demande, y aurait-il à affecter chacune de ces parcelles à une période dont la durée serait égale au nombre d'hectares qui y seraient colloqués, la révolution se trouvant ainsi partagée en cinq périodes de quarante, douze, quinze, etc., années? Cela serait assurément plus simple. La régénération de chaque affectation périodique ne pourrait peut-être pas s'effectuer exactement durant la période correspondante, j'en conviens, et l'on serait obligé, avant l'expiration d'une quelconque des périodes, d'entamer les coupes dans l'affectation immédiatement contiguë ; mais c'est ce qui arrive et ce qui arrivera toujours plus ou moins, quelle que soit la durée des périodes, et ces emprunts peuvent

fixer également sur les périodes dans lesquelles elle
devra être ultérieurement éclaircie.

On voit combien la division de la révolution en périodes, et le partage de la forêt en affectations correspondantes, sont de nature à faciliter les opérations

---

s'opérer, je crois, sans porter aucune atteinte à l'exploitabilité adoptée. »

RÉPONSE.

On nous reproche, d'abord, d'avoir négligé de faire entrer les coupes
claires dans l'hypothèse que nous avons admise, afin de montrer comment on pouvait arriver à apprécier la durée de la période et l'étendue
de l'affectation correspondante.

On nous prouve en même temps qu'en tenant compte de la coupe
claire, et en supposant qu'elle ait lieu précisément au milieu de l'intervalle de temps qui sépare la coupe d'ensemencement de la coupe
définitive, la durée de la période nécessaire pour compléter la régénération de l'affectation correspondante devient égale à cet intervalle multiplié par 1,5.

Cette dernière proposition est parfaitement exacte, lorsque la coupe
claire égale en importance la coupe d'ensemencement ou la coupe définitive, et qu'elle intervient en outre précisément au milieu de l'intervalle de temps qui les sépare.

Mais si la coupe claire est plus rapprochée de la coupe définitive que
de la coupe d'ensemencement, si elle est moins productive, si elle se
fait en plusieurs fois, dans chacun de ces cas elle peut et doit même
avoir pour effet de retarder le délai indispensable pour compléter la
régénération des coupes formant l'étendue de l'affectation.

En conséquence, si l'on ne considère que le nombre des exploitations
à faire sur un point donné, pour en effectuer le repeuplement naturel,
on a raison de regarder notre démonstration comme incomplète; mais
si l'on nous accorde que la coupe d'ensemencement et la coupe définitive sont celles dont l'importance et l'écart sont le plus faciles à apprécier, et exercent, en outre, le plus d'influence sur le temps que réclame
la régénération complète d'un certain nombre de coupes envisagées
dans leur ensemble, on s'expliquera que, pour ne pas compliquer notre

culturales à faire dans la forêt que l'on se propose
d'aménager. Ce règlement n'est, toutefois, qu'un
acheminement au but de l'aménagement; il ne saurait, quelque bien établi qu'il fût d'ailleurs, constituer
à lui seul le plan d'exploitation ; il n'en est que la

---

démonstration, nous l'ayons dégagée des éléments secondaires et variables qui préoccupent notre correspondant.

Répondons aux autres critiques :

Lorsque nous avons dit qu'il fallait restreindre autant que possible
la durée de la période, afin de ne pas être exposé à exploiter des bois
trop éloignés d'avoir atteint l'âge d'exploitabilité, nous sommes partis
de cette supposition que les agents chargés de l'exécution de l'aménagement auraient le droit et pourraient même être forcés de se mouvoir,
pour l'assiette des coupes annuelles, dans toute l'étendue de l'affectation périodique.

Si l'on admettait, au contraire, comme semble le vouloir notre correspondant, que l'on pût assujettir cette assiette à une marche précise,
au moyen d'un plan spécial d'exploitation, les périodes n'auraient plus
de raison d'être ; car, encore une fois, elles ne sont motivées que par
l'impossibilité de concilier l'assiette fixe des coupes annuelles avec les
exigences de la régénération.

On voit donc que le seul avantage des périodes ne consiste pas à faciliter la recherche de la possibilité, en diminuant les chances d'erreur inhérentes aux calculs d'accroissement. Si c'était là leur seul avantage,
comme il serait d'autant plus grand que les périodes seraient plus courtes, on devrait logiquement ne leur donner qu'un an de durée.

Mais, cela posé, il est clair que si l'on veut renfermer la latitude
laissée aux agents d'exécution, pour l'assiette des coupes, dans les limites strictement convenables, il faut que les périodes de la révolution
soient égales entre elles, car, sans cela, il y en aurait qui seraient nécessairement ou trop longues, ou trop courtes.

Supposons, avec notre contradicteur, qu'une forêt ait été partagée
en cinq parties, savoir : la première de 40 hectares, la deuxième de 12,
la troisième de 15, la quatrième de 18, la cinquième de 15, et que
chacune d'elles ait été affectée à une période d'une durée égale au
nombre d'hectares qu'elle contient : n'y aurait-il pas de grands incon-

charpente, le canevas; il remplit dans l'aménagement un rôle analogue à celui de la triangulation dans la géodésie, et de même que la triangulation est faite pour faciliter les levés de détail, de même le règlement des exploitations par période est fait pour faciliter celui des exploitations annuelles; mais il n'y supplée pas. La division de la révolution en périodes, et le partage de la forêt en affectations correspondantes, permettent, comme je le montrerai plus clairement par

---

vénients à laisser pendant quarante ans, et pour une affectation qui comprendrait presque moitié de la forêt, l'assiette des coupes annuelles subordonnée à l'appréciation, au bon plaisir, à l'arbitraire des agents d'exécution ; et, s'il n'est pas possible de fixer l'importance, l'emplacement et l'ordre des quarante coupes à faire dans cette affectation, ne pourrait-on déterminer ces différents points pour un nombre de coupes, prises en bloc, inférieur à quarante? L'affirmative n'est pas contestable, et comme il convient que tout ce qui peut être fixé le soit, et qu'on ne s'écarte de la possibilité par contenance que dans la mesure que comportent les exigences de la culture, il est certain que l'on ferait une grande faute si l'on ne diminuait pas la durée de la première période.

Mais si cette période doit être considérée comme trop longue, celle de douze ans sera probablement trop courte, en ce sens qu'elle ne permettra pas, quelle que soit d'ailleurs l'habileté qu'on y apporte, de régénérer dans un aussi court délai les 12 hectares composant l'affectation, et que, bien avant d'arriver à l'expiration de la période, on se verra dans la nécessité d'anticiper sur l'affectation voisine.

On nous dit, il est vrai, que quelle que soit la durée de la période, il est impossible d'éviter que l'on entame avant son expiration l'affectation contiguë. Nous n'admettons pas d'une manière absolue cette impossibilité. Sans doute, les anticipations dont il est question sont difficiles à éviter ; mais c'est une raison de plus pour ne négliger aucune des précautions nécessaires afin d'en diminuer au moins les inconvénients.

Si l'on abandonne ce principe, on tombe dans l'empirisme.

la suite, de réaliser le rapport soutenu par période ; c'est beaucoup, sans doute, mais ce qu'on attend surtout de l'aménagement, c'est la réalisation du rapport soutenu par année, et, pour cela, il faut trouver les moyens de répartir d'une manière égale le produit d'une affectation, entre les années de la période correspondante. Ces moyens comportent un règlement qui, joint au premier, complète le plan d'exploitation.

Ainsi, dans la présente étude sur le plan d'exploitation des futaies, j'aurai à traiter successivement :

1° De la formation des affectations ;

2° Du règlement général des exploitations par période ;

3° Du règlement des exploitations annuelles.

Mais dans les futaies, plus souvent encore que dans les taillis, l'irrégularité des peuplements conduit à adopter, tantôt une marche provisoire pour les coupes, tantôt une révolution transitoire ; et ces nécessités donnent lieu à des complications dont je sortirais difficilement, si je ne faisais de chacun des cas où elles se présentent, l'objet d'un chapitre spécial.

J'appliquerai donc mon étude à trois hypothèses :

1° Celle d'une révolution définitive et d'une marche des coupes, normale ;

2° Celle d'une révolution définitive et d'une marche des coupes, provisoire ;

3° Celle d'une révolution transitoire et d'une marche des coupes, provisoire.

PREMIÈRE SECTION

Du plan d'exploitation dans les futaies, la révolution pouvant être définitive et la marche des coupes, normale.

ARTICLE PREMIER.

FORMATION DES AFFECTATIONS.

§ 1er.

Tableau des affectations.

Nous avons affaire à une forêt de **200** hectares, exploitable dans une révolution de cent ans. Cette révolution a été divisée en cinq périodes égales. Il s'agit de partager la forêt en un même nombre d'affectations correspondantes. Nous remplirons le tableau ci-contre :

TABLEAU DES AFFECTATIONS.

| DÉSIGNATION DES | | CONTE-NANCE des | NATURE du | EXPOSI- | ESSEN- | ÉTAT du | AGE DU PEUPLEMENT | | CLASSEMENT DES PARCELLES DANS L'AFFECTATION | | | | | OBSERVA- |
cantons.	parcelles	parcelle-	SOL.	TION.	CES.	PEUPLE-MENT.	actuel.	d'exploi-tabilité.	de la 1re période	de la 2e période.	de la 3e période.	de la 4e période.	de la 5e période.	TIONS.
		hect.							hect.	hect.	hect.	hect.	hect.	

J'ai maintenu la première partie du tableau d'exploitation des taillis, partie destinée à recevoir le résumé de la description spéciale. On en comprend l'utilité. Il est important que le tableau des affectations renferme les indications sommaires qui sont de nature à justifier l'ordre adopté pour la succession des coupes ; car ce tableau est, comme je l'ai déjà dit, le document essentiel et fondamental de l'aménagement, et il doit être établi de telle sorte, qu'on puisse à la rigueur juger de son mérite, sans recourir à d'autres éléments d'appréciation que ceux qui y sont contenus.

J'ai substitué à la seconde partie du tableau, destinée à présenter l'ordre des exploitations, cinq colonnes dont l'objet est clairement indiqué par leur en-tête. On peut regarder chacune d'elles comme un compte ouvert à l'affectation dont elle porte le numéro. Toutes les parcelles qui devront être régénérées dans la première période seront inscrites dans la première colonne, et composeront la première affectation. Toutes celles qui devront être régénérées dans la deuxième période seront inscrites dans la deuxième colonne, et composeront la deuxième affectation, etc., etc.

Mais sur quelles considérations se fondera-t-on pour décider que telle parcelle doit être régénérée dans telle ou telle période?

On se fondera sur les considérations que nous avons fait intervenir dans la discussion du plan d'exploitation des taillis.

On fera donc le classement des parcelles dans les

affectations, de manière à rendre possibles des exploitations qui satisfassent tout à la fois, dans la mesure que comporte la nature des choses, aux exigences de l'exploitabilité, aux règles sur l'assiette des coupes, et au rapport annuel soutenu.

Appliquons rapidement à chacun de ces côtés de la question, les préceptes que j'ai donnés, en traitant de l'aménagement des taillis.

§ 2.

Formation des affectations suivant l'âge d'exploitabilité.

Si toutes les parcelles renfermaient des peuplements susceptibles de rester sur pied jusqu'au terme fixé par la révolution, leur classement dans les affectations ne rencontrerait aucune difficulté.

La parcelle A renferme un peuplement âgé moyennement de 35 ans; elle ne sera exploitable que dans 65 ans; on la classera dans l'affectation de la quatrième période.

La parcelle B renferme un massif de vieux arbres clair-plantés, surmontant un jeune repeuplement; l'exploitation de ces vieux arbres sous forme de coupe secondaire ou définitive est urgente; on les classera dans l'affectation de la première période.

Rien de plus simple.

Mais il y a souvent des parcelles dont le peuplement

n'est pas susceptible de végéter jusqu'au terme fixé par la révolution, et qu'il faut, en conséquence, exploiter avant ce terme.

Cette nécessité peut tenir à une circonstance acciden-telle : il s'agit d'un peuplement qui, quoique jeune encore, ne jouit déjà plus d'une vigoureuse végétation, soit qu'il ait été abrouti dans sa jeunesse, soit qu'il provienne de vieilles souches, soit que des éclaircies maladroites aient ébranlé sa constitution.

Dans ces divers cas, l'affectation à laquelle une par-celle appartient, n'est pas indiquée par la différence existant entre l'âge normal d'exploitabilité et l'âge de cette parcelle, mais par le temps, difficile à apprécier d'ailleurs, pendant lequel le peuplement de la parcelle en question pourra rester sur pied sans dépérir.

La nécessité d'exploiter une parcelle avant le terme fixé par la révolution peut dépendre d'une circon-stance permanente :

Cette parcelle se compose d'une essence dont la lon-gévité est moins grande que celle d'après laquelle a été fixée la durée de la révolution. Ici, de deux choses l'une : ou l'âge d'exploitabilité de cette essence est une partie aliquote de la révolution, ou il ne l'est pas. Dans le premier cas, on fait figurer la parcelle dans autant d'affectations différentes que son âge est renfermé de fois dans la révolution ; dans le second cas, on la laisse en dehors de l'aménagement, à moins qu'on ne juge convenable d'y pratiquer une substitution d'essences, qui permette de concilier son exploitation avec celle du surplus de la forêt, et alors son classement rentre dans les conditions déjà prévues.

Nous avons à nous occuper d'une parcelle de pins ou de bouleaux exploitables à cinquante ans et âgés aujourd'hui de vingt-cinq ans; nous la classerons dans l'affectation de la deuxième période et dans celle de la quatrième.

On pourrait prévoir des circonstances où une parcelle devrait figurer dans toutes les affectations. C'est ce qui aurait lieu s'il s'agissait de comprendre dans l'aménagement de notre forêt, exploitable à cent ans, une parcelle exploitable en taillis à l'âge de vingt ans.

Mais ce sont là des hypothèses qui ont peu d'utilité pratique, et que je fais seulement pour ne pas laisser ma démonstration incomplète.

Dans la pratique, on évite généralement de comprendre dans le même aménagement, des peuplements exploitables à des âges différents; car en compliquant le plan d'exploitation, ils deviennent en même temps une cause de confusion et de difficultés, et aucun motif sérieux ne commande de se résigner à de tels inconvénients.

Ils deviennent une cause de confusion et de difficultés; parce qu'ils s'opposent à l'application des règles d'assiette; parce qu'ils contrarient la réalisation du rapport soutenu; parce qu'ils obligent de ramener les exploitations sur un point donné, plus souvent que sur les points environnants.

Aucun motif sérieux ne commande de se résigner

à de tels inconvénients; le plus important de tous les intérêts, celui de la consommation, ne saurait par exemple y rien gagner. En effet, lorsque le consommateur sollicite un produit d'une nature particulière, ce n'est pas d'une manière intermittente, c'est d'une manière permanente; ce n'est pas tous les cinquante ans, tous les vingt ans, c'est chaque année. Si donc les parcelles de pins, de bouleaux ou de taillis, dont je parlais tout à l'heure, étaient assez grandes pour fournir chaque année une coupe, il faudrait en former une série particulière; dans le cas contraire, il conviendrait de les régénérer en essences susceptibles de parcourir la révolution applicable à la masse, et, si cette régénération était impossible, je serais d'avis de les laisser en dehors de l'aménagement.

§ 3.

Formation des affectations conformément aux règles d'assiette.

Cette formation doit être examinée à deux points de vue :

1° Au point de vue de la marche des coupes dans chaque affectation;

2° Au point de vue de la position respective que les affectations doivent occuper sur le terrain.

Pour que la marche des coupes, dans chaque affectation, puisse se conformer aux règles d'assiette, il est bon que les affectations aient une forme régulière; qu'elles présentent leur moindre largeur aux vents les plus violents; qu'elles soient traversées et limitées par des chemins, mais, par-dessus tout, qu'elles constituent des masses distinctes et séparées.

Telles sont les dispositions que l'on doit chercher à réaliser pour assurer la marche des coupes dans chaque affectation. Je recommande surtout de ne jamais scinder une affectation, quand on n'a pas pour le faire des motifs majeurs.

La contiguïté des parcelles qui forment une affectation, n'est pas utile seulement pour l'application des règles d'assiette; elle l'est aussi pour l'économie des exploitations, lesquelles entraînent nécessairement à leur suite des intérêts nombreux et un matériel considérable. Il est très-désirable que l'on n'occasionne pas à ces intérêts et à ce matériel des déplacements fréquents et coûteux. Or, ces déplacements seraient inévitables, si l'on formait, par exemple, une affectation avec des parcelles éloignées les unes des autres, et séparées par des massifs appartenant à d'autres affectations : après avoir fait des coupes d'ensemencement dans une partie de l'affectation, on pourrait être obligé de les entreprendre dans une autre, puis de revenir dans la première pour les coupes secondaires, sauf à retourner l'année suivante dans la seconde.

Ce seraient là des inconvénients très-fâcheux, et la subdivision d'une affectation en deux ou plusieurs parties non contiguës, n'en présenterait pas d'autres, qu'ils suffiraient pour que l'on dût s'efforcer de l'éviter; ainsi, il est clair qu'il n'importerait nullement, au point de vue de la régularité désirable dans la gradation des âges, que l'affectation de la première période ou celle de la dernière fût partagée en deux parties, situées l'une au commencement et l'autre à la fin de la série : une pareille disposition ne serait défectueuse que parce qu'elle contrarierait le principe d'économie ci-dessus énoncé ; ce serait une raison suffisante pour ne pas l'admettre.

Les affectations sont enfin d'autant plus propres à faciliter, à assurer l'exécution de l'aménagement, qu'elles sont plus *ramassées* ; car la tendance naturelle des agents est, dans l'assiette des coupes, de procéder de proche en proche, et il y aurait à craindre qu'ils ne négligeassent souvent des opérations urgentes, s'ils étaient forcés pour cela de se transporter sur des points trop éloignés de ceux où auraient eu lieu leurs opérations précédentes.

L'application des règles d'assiette, au point de vue de la position respective que les affectations doivent occuper, trouvera presque toujours assez de garanties dans les dispositions arrêtées pour assurer la marche et l'assiette des coupes annuelles. Il suffira, en général, que les règles soient observées dans l'assiette des coupes de chaque affectation, pour qu'il n'y ait rien à redouter de la non-observation de ces règles, dans l'assiette des affectations ; toutefois, n'oublions pas que nos futaies sont en grande partie situées dans les montagnes, où les accidents météoriques sont plus fréquents et beaucoup plus redoutables que dans les plaines ; qu'elles offrent, par la hauteur des arbres qu'on y rencontre, beaucoup plus de prise que les taillis aux vents, à la neige, au givre ; que la nécessité d'éclaircir les massifs que l'on veut régénérer, rend plus périlleuse encore leur situation, et que, dans de semblables conditions, la prudence exige quelquefois que les règles suivies pour l'assiette des coupes dans chaque affectation, le soient également pour le rang, l'ordre dans lequel ces affectations arriveront en tour de régénération. Il pourrait être dangereux, par exemple, de placer l'affectation de la première période au sommet d'une montagne, ou dans toute autre partie qui serait exposée aux vents dangereux : l'expérience prouve, en effet, que l'on ne saurait prendre trop de précautions pour mettre à l'abri d'un coup de vent, les massifs à l'état de coupes secondaires ou de coupes d'ensemencement, et que la protection qu'offrent pour cela les bois de l'affectation dont elles font partie, n'est pas toujours suffisante.

Cette considération des obstacles à opposer aux vents, est celle dont on doit le plus se préoccuper dans l'exploitation des futaies.

J'ai exposé et discuté les raisons qui pouvaient contrarier l'application des règles d'assiette dans l'aménagement des taillis, et j'ai essayé de démontrer qu'elles n'étaient pas de nature à justifier la non-observation de ces règles.

Quoique les pertes d'accroissement auxquelles on se condamne, quand on modifie le classement établi d'après l'âge d'exploitabilité, soient beaucoup plus considérables dans les futaies que dans les taillis, elles ne sauraient cependant prévaloir sur les inconvénients permanents qu'entraînerait une assiette vicieuse des coupes; car ces inconvénients sont de leur côté beaucoup plus graves dans les forêts de la première catégorie que dans les autres.

En fait, l'application des règles d'assiette, dans la formation du plan d'exploitation des futaies, n'est pas aussi embarrassante qu'on serait tenté de le croire.

Nos forêts ont été traitées, soit par la méthode à tire et aire, soit par la méthode jardinatoire : dans le premier cas, elles ont été exploitées de proche en proche ; la gradation des âges y est donc assez régulière ; dans le second cas, elles présentent sur tous les points des arbres de tous les âges, formant des peuplements uniformes dans leur irrégularité, et il est par conséquent indifférent, au point de vue des convenances de l'exploitabilité, de commencer les exploitations par un bout ou par un autre. Enfin, en montagne, les coupes ont presque toujours été faites comme le veut la quatrième règle, c'est-à-dire en commençant par les parties inférieures, et la raison en est que cette manière de procéder était la plus commode.

Quoi qu'il en soit, toutes les fois qu'on se posera la question de savoir si une parcelle doit être rattachée à une affectation autre que celle dans laquelle son âge l'avait fait classer, on la résoudra en examinant si cette parcelle est assez étendue, pour qu'il ne soit pas nécessaire de combiner l'assiette des coupes à y faire, avec l'assiette des coupes des parcelles contiguës. Dans l'affirmative, on devra la maintenir dans la colonne où on l'avait d'abord placée; dans la négative, on n'hésitera pas à la colloquer dans la colonne qui comprend les massifs limitrophes.

On conçoit donc que les exigences des règles d'assiette puissent faire colloquer dans une affectation, des bois plus jeunes ou plus âgés qu'il ne faudrait, si la formation de cette affectation devait être exclusivement subordonnée à l'âge d'exploitabilité; la régularisation de la forêt et les grands avantages qu'on a le droit d'en attendre pour l'avenir, le veulent ainsi.

Il semble que ce sont là des principes auxquels il n'y a rien à objecter, et pourtant que d'étonnement ne provoquent-ils pas tous les jours! Il n'est pas rare de voir des forestiers, très-estimables d'ailleurs, se récrier très-sincèrement, lorsqu'on les invite à pratiquer une coupe d'ensemencement dans une futaie qui est plus ou moins éloignée d'avoir atteint son plus grand accroissement moyen. C'est qu'ils ne comprennent pas qu'au-dessus des besoins du peuplement dans lequel la coupe a été assise, il y a ceux de la forêt envisagée dans son ensemble, et ils voudraient exploiter, ils exploitent trop souvent ce peuplement de la manière qu'ils jugent la plus convenable, eu égard aux circonstances locales, sans examiner s'ils obéissent ainsi aux prescriptions de l'aménagement.

Ces erreurs sont fréquentes; elles proviennent soit d'un défaut de portée dans les vues, soit d'une étude incomplète de l'aménagement que l'on est chargé d'exécuter ; il y a, dans tous les cas, d'autant plus à les redouter qu'elles ont souvent leur point de départ dans un fait sainement apprécié. Les praticiens principalement sont enclins à les commettre, parce qu'ils ont l'habitude de considérer les faits en eux-mêmes ou dans leurs conséquences immédiates et locales : ils n'apprécient que ce qui est sous leurs yeux ; les circonstances extérieures et médiates leur échappent.

Mais il est évident que si l'on ne consultait, pour se diriger dans le martelage d'une coupe, que l'état actuel du peuplement, on ne pourrait que perpétuer le désordre dans une forêt, ou l'y mettre s'il n'y était déjà. Aussi ne connais-je pas, dans le contrôle que l'administration supérieure est appelée à exercer sur la gestion de ses agents, d'objet plus important que celui qui concerne l'application des plans d'exploitation adoptés par elle.

Les agents n'ont pas toujours l'intelligence des sacrifices qu'il convient de faire à la régularisation de la marche des exploitations. Quand ils ont une coupe à effectuer, ils se dispensent volontiers de porter leurs regards au delà de l'enceinte de cette coupe. Ils ne sont pas, d'ailleurs, plus que les autres hommes, inaccessibles aux tentations de la critique, et ils ont bientôt dit : On veut que nous fassions une coupe d'ensemencement ici ; mais c'est absurde : les bois sont encore trop éloignés d'avoir atteint l'âge d'exploitabilité ; ou bien : On nous condamne à sacrifier ce beau repeuplement, en nous empêchant de le dé-

gager du massif qui le domine; mais cela n'a pas le
sens commun, ce massif est exploitable, il faut se dépê-
cher de l'abattre. Et c'est par des considérations de ce
genre qu'on bouleverse les aménagements, qu'on compromet l'avenir, et qu'en croyant bien faire, on ne fait
pourtant qu'empirer les choses.

Revenons à notre classement.

Lorsqu'on a arrêté son opinion sur les règles d'assiette dont l'application à la forêt que l'on aménage est
nécessaire; lorsqu'on s'est fixé sur les dispositions
qu'elles réclament, on s'y conforme rigoureusement
dans la formation des affectations, ce qui veut dire que
l'on ne s'arrête ni à l'écart existant entre l'âge d'une
parcelle et le rang de la période à laquelle il y a lieu de
l'affecter, ni aux sacrifices d'accroissement qui pourraient en être la conséquence.

Mais ce n'est pas nécessairement une raison pour
que l'on soit ensuite forcé de régénérer tous les bois,
dans la période correspondant à l'affectation dont ils
font partie. Je montrerai comment, dans la première
révolution, on est amené exceptionnellement à régénérer, en même temps que l'affectation de la période
dans laquelle on se trouve, des parcelles qui appartiennent à d'autres affectations.

J'admettrai, jusqu'à nouvel ordre, que cette obligation ne doive pas résulter des modifications apportées
au tableau des affectations, pour le rendre conforme
aux règles d'assiette, et je vais voir quelles sont
celles que le rapport soutenu pourrait encore motiver.

§ 4.

Formation des affectations conformément aux exigences du rapport soutenu.

Toutes les parcelles qui, d'après leur âge, seraient exploitables dans la même période, forment ce que l'on appelle une *classe d'âge*. Une forêt normale exploitable dans une révolution partagée en cinq périodes, doit donc comprendre cinq *classes d'âge*, distinctes. Cette dénomination de classe d'âge, appliquée aux bois compris dans la même affectation, mérite d'être conservée, parce qu'elle est caractéristique.

L'aménagement a pour objet de rendre l'état respectif des classes d'âge aussi satisfaisant que possible. Pour qu'une forêt se trouve sous ce rapport dans toutes les conditions désirables, il faut : 1° que les classes d'âge y soient en nombre égal à celui des périodes de la révolution ; 2° que la disposition de ces classes sur le terrain ne contrarie pas l'application des règles d'assiette ; 3° qu'elles aient la même puissance productive, en ce sens qu'elles soient susceptibles de fournir, à l'époque où elles arriveront en tour d'exploitation, le même volume.

Lorsque ces conditions n'existent pas, il s'agit de les établir, et c'est précisément là le résultat que doit avoir le plan d'exploitation.

Je ne laisserai jamais échapper l'occasion de rappeler ces principes, parce qu'ils doivent former la préoccupation constante de l'aménagiste, et que lorsqu'on ne les perd pas de vue, on est certain d'arriver au but.

Quand on a classé les parcelles dans les colonnes des périodes, en se conformant aux exigences de l'exploitabilité et des règles d'assiette, il suffit de jeter un coup d'œil sur les totaux de ces colonnes pour juger si la forêt que l'on veut aménager, est ou n'est pas susceptible d'un rapport périodique ; et il n'y a pas non plus de longues réflexions à faire pour reconnaître si, ce rapport périodique étant réalisable, il est possible de le rendre soutenu, c'est-à-dire constant.

Que mes lecteurs veuillent bien ne pas oublier que dans ce moment je ne m'occupe que des affectations ; que je les assimile à des coupes de taillis ; que la période remplace l'année, et que, d'après l'hypothèse dans laquelle je me suis placé, le classement des parcelles, conformément aux règles d'assiette, n'a pas eu pour effet d'augmenter plus qu'il ne convient, l'écart existant entre l'âge qu'ont les bois actuellement, et celui qu'ils auront lorsque l'affectation à laquelle on les a rattachés, arrivera en tour d'exploitation.

Cela étant bien compris, si aucune classe d'âge ne fait défaut, on en conclura qu'il existe les éléments indispensables à une suite non interrompue d'exploitations périodiques. Dans le cas contraire, on avisera aux moyens de suppléer les classes d'âge absentes par des emprunts faits aux classes existantes, et c'est alors qu'il sera utile de se rappeler les règles que j'ai énoncées dans le chapitre relatif aux taillis, lesquelles règles portent :

Que la continuité des exploitations n'est réalisable, avec une révolution définitive, que lorsqu'il y a des coupes exploitables, des coupes assez jeunes pour atteindre, sans dépérir, le terme de la révolution, et des coupes intermédiaires dont la différence d'âge ne dépasse pas le double de l'écart que l'on est disposé à tolérer entre l'âge d'exploitabilité et l'âge correspondant à l'époque de l'exploitation, écart qui, dans aucun cas, ne doit être assez grand pour compromettre la régénération naturelle des massifs.

A l'aide de ces règles fort simples, on s'assurera promptement de la possibilité de remplir les lacunes qui s'opposeraient à la périodicité des exploitations. Si c'est l'affectation de la première période, ou, en d'autres termes, la première classe d'âge qui manque à l'appel, on la remplacera avec une partie des bois compris dans l'affectation de la deuxième période, c'est-à-dire de la deuxième classe d'âge ; si c'est l'affectation de la troisième période, on pourra la remplacer par une partie de la deuxième et une partie de la quatrième ; mais ces transpositions devront se faire de proche en proche, avec des peuplements contigus, de manière à ne pas déranger les dispositions prises conformément aux règles d'assiette, et à reculer plutôt qu'à avancer l'époque de l'exploitation effective des peuplements.

Ce qui manque ordinairement dans nos forêts, ce ne sont ni les bois exploitables, ni les bois des dernières périodes, ce sont les bois d'âge moyen. La substitution de la méthode du réensemencement naturel et des éclaircies périodiques au régime à tire et aire, substitution qui remonte à une quarantaine d'années, est en partie la cause de cet état de choses. Dans les coupes de régénération auxquelles ils ont procédé, les agents n'ont pas toujours pris les mesures nécessaires pour assurer le repeuplement naturel, et ils ont laissé s'accumuler les coupes d'ensemencement, dans l'attente d'un repeuplement que chaque nouvelle année de retard rendait plus improbable. Dans leurs coupes d'éclaircie, ils ont trop généralement cédé au désir de procurer des produits importants au Trésor, en faisant disparaître les vieux arbres de préférence aux jeunes. On ne saurait leur en vouloir, puisque l'absence de tout plan d'exploitation ne leur permettait pas de se guider dans ces opérations, d'après la composition et la distribution des classes d'âge, et qu'en outre, parmi les sujets qui rompent la régularité d'un peuplement, les plus gros sont naturellement ceux qui attirent le plus l'attention, et dont l'enlèvement paraît *a priori* le plus urgent.

Le rapport soutenu serait assuré par période, si les parcelles à exploiter dans chacune d'elles, c'est-à-dire les affectations de ces périodes, occupant d'égales contenances, renfermaient des massifs, similaires quant aux phases probables de leur développement, et gradués quant à l'âge, de manière à n'être ni plus ni moins âgés les uns que les autres, lorsqu'ils arriveraient en tour d'exploitation.

Mais ces conditions favorables ne se rencontrent jamais, et on doit dès lors se demander s'il ne convient pas de donner aux affectations des contenances inégales, afin de corriger l'inégalité de puissance productive des parcelles qui les composent.

Les facteurs dont on se sert pour faire ces sortes de corrections ne sauraient, comme je crois l'avoir prouvé, se déduire de l'appréciation directe des éléments qui concourent à la production, tels que le sol, l'exposition, le climat, l'essence, l'état plus ou moins serré, etc. Ils se déduisent des renseignements que l'on possède sur la production effective de peuplements placés dans les mêmes conditions de végétation que ceux de la forêt que l'on aménage.

Or, j'ai fait observer, en traitant du plan d'exploitation dans les taillis, qu'en allant à la recherche de ces peuplements comparables, on se lançait dans des difficultés d'appréciation très-nombreuses, très-délicates, presque insurmontables ; et ce, pour n'obtenir souvent qu'un très-mince avantage, et perpétuer dans les classes d'âge une fâcheuse inégalité.

J'ai donc émis l'opinion que les moyens indiqués pour rendre les contenances des affectations inversement proportionnelles à leur faculté productive, avaient une valeur pratique fort contestable.

Je maintiens cette opinion.

Mais la question est grave : on me pardonnera d'insister. Il s'agit de détruire des préjugés enracinés, des illusions généralement répandues.

Je veux prouver qu'à raison de l'incertitude des éléments d'appréciation dont on dispose, il convient d'adopter comme règle générale, pour les affectations, des contenances égales.

Je dirai ensuite dans quelles circonstances particulières et dans quelle mesure, les exceptions à cette règle peuvent être admises.

1. *Des motifs qui doivent faire adopter, en général, pour les affectations, des contenances égales.*

Montrons de nouveau d'abord que les méthodes prétendues différentes, par lesquelles on a cherché à déterminer les contenances inversement proportionnelles à la *productivité* du lieu d'habitation, reviennent toutes à fixer par hectare le produit de chaque parcelle pour le moment de son exploitation ; à comparer ce produit à un terme commun, et à faire figurer les parcelles dans le plan d'exploitation pour des contenances qui soient, avec les contenances réelles, dans un rapport inverse de celui trouvé entre la production présumée de chaque parcelle et la production adoptée pour terme commun de comparaison.

En effet, voici en quelques mots ce qu'indiquent les auteurs qui se sont occupés de résoudre le problème dont il s'agit.

Ceux-ci veulent : 1° que l'on détermine le volume actuel de chaque parcelle ; 2° qu'on y ajoute celui dont elle sera susceptible de s'accroître, en supposant qu'elle reste encore sur pied jusqu'au milieu de la période à laquelle elle est provisoirement affectée ; 3° que l'on porte ces volumes dans la colonne ouverte à ladite période ; 4° que l'on procède enfin à l'égalisation des totaux des périodes par des transferts de volumes de la colonne la plus riche dans celle qui l'est le moins, en ayant soin de tenir compte des diminutions ou des augmentations que l'accroissement pourrait subir par suite de ces transferts.

Ceux-là comparent la production présumée par hectare de chaque parcelle, au moment fixé pour son exploitation, à une production arbitraire quelconque prise pour type et terme commun de comparaison ; ils multiplient la contenance réelle de chaque parcelle par le rapport numérique qui résulte de cette comparaison ; ils substituent ces contenances fictives aux contenances réelles dans les colonnes des périodes, et ils procèdent enfin à l'égalisation des totaux de ces colonnes par des transpositions qui, au lieu de porter sur des volumes comme précédemment, portent sur des contenances.

Enfin, d'après d'autres auteurs, les éléments de la production d'une parcelle étant pris pour unité, on établit les rapports qui existent entre cette unité et la puissance des éléments de production des autres parcelles, et on fait de ces rapports le même usage que des rapports précédents.

Ces trois manières de procéder s'appuient évidemment sur la même base, et la première ne se distingue des deux autres que parce que la production à laquelle

on compare toutes les autres, est la production effective moyenne au lieu d'être une production arbitraire.

Dans tous les cas, et c'est le seul point important,
il s'agit de prévoir plus ou moins longtemps à l'avance
le produit que donnera un peuplement lors de son
exploitation. C'est là qu'est la pierre d'achoppement,
qu'est la difficulté ; difficulté qu'on peut dissimuler,
mais qu'on ne saurait éluder, et qui reste toujours
aussi grande, quel que soit le moyen dont on se serve
pour la surmonter.

Ainsi, par exemple, quand, pour déterminer la production ultérieure de chaque parcelle, on calcule : 1° le
volume actuel qu'elle contient ; 2° le volume dont elle
s'accroîtra ; on a recours à des moyens qui peuvent dissimuler, mais qui, en réalité, ne diminuent pas les
difficultés inhérentes à cette détermination. Sans doute,
le volume actuel est appréciable d'une manière suffisamment exacte, lorsqu'il s'agit d'un peuplement dont
tous les sujets sont assez forts pour être cubés individuellement. Si ce peuplement est âgé, on peut également, sans s'exposer à de grandes erreurs, se baser
sur son accroissement moyen antérieur, pour apprécier son accroissement futur ; mais ce n'est pas pour
les parcelles qui sont destinées à être exploitées pro-
chainement, que la recherche du produit qu'elles donneront est embarrassante ; c'est pour celles qui ont encore à rester longtemps sur pied ; et, plus les bois
sont jeunes, plus on risque de se tromper, soit dans

l'estimation du volume actuel, soit surtout dans l'appréciation de l'accroissement futur : dans l'estimation du volume actuel, par suite de l'impossibilité de procéder à un cubage individuel de tous les sujets qui composent le peuplement; dans l'appréciation de l'accroissement futur, parce que l'accroissement moyen acquis diffère d'autant plus de l'accroissement moyen à acquérir, que les bois sont plus éloignés de la phase de leur plus grand développement, et que, d'ailleurs, les chances d'erreur qui accompagnent les calculs sur l'accroissement, augmentent nécessairement avec le nombre d'années sur lequel portent ces calculs.

Aussi, pour les jeunes bois, est-on forcé de recourir à des tables de production ou à des peuplements exploitables placés dans les mêmes conditions de végétation que ceux dont on s'occupe.

On n'échappe pas non plus à cette nécessité, lorsqu'au lieu de comparer les productions, on prétend arriver au même résultat en comparant les circonstances sous l'influence desquelles elles sont appelées à se réaliser. Si le lecteur veut bien se reporter aux observations que contient sur ce point le chapitre sur les taillis, il y verra que cette prétention ne saurait être prise au sérieux que par les gens qui se payent de mots; que substituer la cause à l'effet dans l'énoncé du problème à résoudre, pour déterminer la puissance productive des parcelles, ce n'est pas simplifier la question, c'est, au contraire, la compliquer sans faire disparaître aucune de ses difficultés; car, dans l'étude des phénomènes de la végétation, les causes ne s'apprécient que par les effets.

Voici un sol quelconque, mettez-le entre les mains d'un chimiste; il n'y découvrira pas, quelle que soit son habileté, la quantité de matière végétale qui pourra s'y développer dans un temps donné.

Une circonstance dont on fait grand cas dans l'examen de celles qui sont de nature à exercer une influence sur la production, c'est l'état de consistance du peuplement. Eh bien! je le demande à tout homme de bonne foi, quelle conclusion peut-on tirer de l'état de consistance d'un gaulis de quinze ans, relativement au volume qu'il présentera quand il en aura cent?

Il faut donc en revenir toujours à la comparaison des productions, par conséquent, aux tables d'accroissement, ou, à défaut, au cubage de parties de bois placées dans les mêmes conditions que celles qu'on envisage, et l'examen des éléments de la production n'a d'autre avantage que d'assurer le bon choix des peuplements choisis pour termes de comparaison.

Quels que soient, en définitive, les moyens que l'on adopte pour la recherche du produit que donnera une parcelle à l'époque fixée pour son exploitation, le succès de cette recherche est fatalement subordonné à la découverte d'un peuplement exploitable, soumis aux mêmes influences que celui dont on veut ainsi prévoir la possibilité.

Or, cette découverte est extrêmement difficile, et, avouons-le, presque impossible dans l'état actuel du peuplement de nos forêts. On chercherait peut-être vainement en France un seul massif exploitable, qui pût être présenté comme l'expression exacte de la puissance productive normale d'un terrain. Cela n'a rien d'étonnant, quand on songe que c'est à peine depuis une trentaine d'années qu'on y applique les procédés d'une culture rationnelle.

On sait maintenant à quoi s'en tenir sur le mérite des coefficients de production, sur les avantages qu'on en peut retirer pour l'établissement du rapport soutenu. Le rôle qu'on a voulu faire jouer à ces coefficients est, disons-le, une véritable illusion, qui prouve une fois de plus la funeste influence que peut avoir sur le bon sens et le jugement l'habitude des solutions mathématiques.

On est trop disposé de notre temps à transformer les questions en problèmes d'algèbre ou de géométrie ; il y en a qui ne sont pas susceptibles d'une solution exacte : c'est un malheur auquel il faut se résigner. La question que nous traitons en ce moment est de ce nombre.

Il ne faut pas que la forme l'emporte sur le fond ; que l'apparence soit prise pour la réalité. Ce fatras de calculs minutieux et compliqués, dont on surcharge le tableau des affectations, quand on veut tenir compte de toutes les influences qui réagissent sur la végétation, ne peut avoir de mérite qu'aux yeux de gens superficiels ; il n'accuse en réalité que des prétentions à l'exactitude, et comme il se fonde sur des appréciations presque toujours arbitraires, on peut véritablement le comparer à un monument qui serait bâti sur le sable.

Au reste, si le rapport soutenu est une bonne chose; s'il est à désirer qu'on puisse l'obtenir pour chaque forêt, chaque série, il ne faut pas cependant s'en exagérer l'importance et oublier que, comme il intéresse surtout la consommation, c'est surtout par bassin de consommation qu'il y a lieu de l'établir. Envisagées de cette manière, les atteintes qu'il pourrait éprouver sur un point, perdront beaucoup de leur gravité, si, comme il est probable, elles doivent trouver des compensations sur d'autres.

On le voit donc : la réalisation du rapport soutenu n'est pas une condition rigoureuse qui demande qu'on y sacrifie, sans motifs impérieux, la simplicité, la rapidité et la sûreté des opérations, et je conclus en conseillant, comme l'ont fait avant moi les auteurs de la *Culture des bois*, de donner autant que possible aux affectations des contenances égales.

2. *Des motifs qui peuvent faire adopter pour les affectations des contenances réduites.*

Il n'y a pas de règle sans exception, et, dans les pays de montagnes surtout, il existe quelquefois, entre les circonstances qui influent sur la végétation, des différences tellement tranchées qu'on ne saurait les négliger.

Jusqu'à quel point est-il permis d'en tenir compte?

Ces différences peuvent être temporaires. Elles le

sont lorsqu'elles portent sur l'âge, la consistance, l'essence même, s'il entre dans les prévisions qu'elle devra être remplacée. Dans aucun de ces cas, je ne les crois de nature à justifier une inégalité de contenance dans les affectations. Je l'ai dit pour les taillis, je le répète pour les futaies. Voici pourquoi :

Supposons que l'on soit parvenu à se fixer sur le rendement futur de chaque parcelle, à raison de toutes les circonstances, quelles qu'elles soient, dont ce rendement dépend. Supposons que, par suite des différences de puissance productive qui existent entre ces parcelles, on ait jugé convenable, dans l'intérêt du rapport soutenu, de transférer la parcelle B, dont le coefficient est de 0,8, de la troisième période dans la deuxième. Voilà une parcelle qui, par le fait de cette transposition dans une période qui avancera l'époque de son exploitation, mérite qu'on lui donne un autre coefficient de production ; car celui qui lui a été appliqué étant fonction de toutes les circonstances dont le rendement dépend, l'est dès lors de l'âge d'exploitabilité, ou mieux, du temps pendant lequel ladite parcelle avait été destinée à rester sur pied. En conséquence, si on l'a fait figurer pour X hectares, dans la troisième période, on devra la faire figurer pour X', en la colloquant dans la deuxième, et la soumettre dès lors à un nouveau remaniement.

D'un autre côté, la régularisation de la forêt implique la fixation de l'étendue respective des affectations, c'est-à-dire des classes d'âge ; et l'on conçoit que cette fixation ne saurait être définitive, si on la subordonnait à des influences essentiellement temporaires. Ces influences n'existant plus, il deviendrait nécessaire de modifier les affectations et de retarder, par suite, l'époque à laquelle leurs limites cesseraient d'être provisoires.

La production subirait enfin des atteintes inévitables, si, pour la rendre soutenue, on augmentait par de nouvelles transpositions de parcelles, l'écart occasionné déjà par l'application des règles d'assiette, entre l'âge d'exploitabilité et celui de l'exploitation.

Donc, en admettant que l'on parvînt, chose presque impossible, à recueillir des données exactes sur le rendement probable de chaque parcelle, lors de son exploitation, on ne pourrait les utiliser pour la réalisation du rapport soutenu immédiat, sans se condamner à des tâtonnements, à des remaniements sans fin, et dans tous les cas, à une diminution de production, c'est-à-dire à des résultats contradictoires avec le but que l'on se propose lorsque l'on aménage une forêt.

Cependant, dira-t-on, s'il se trouvait des affectations qui continssent la moitié de leur étendue en vides, et qui fussent productives, par suite, d'un rapport moitié moindre, n'y aurait-il pas lieu de leur donner une étendue un peu plus grande? — Non, parce qu'après que ces vides auraient été repeuplés, il faudrait de nouveau changer la contenance des affectations, sous peine de retomber dans les inconvénients qu'on avait voulu éviter. Tout ce que l'on pourrait faire, serait de décider, qu'exceptionnellement à la règle générale, pendant la première révolution, certaines parcelles ne seront pas régénérées dans les périodes correspondantes ; mais cet expédient implique l'adoption d'un plan provisoire, et j'ai annoncé que l'étude de ce plan serait l'objet d'un chapitre spécial.

J'insiste donc sur ce principe : les affectations ne doivent jamais être modifiées, par suite des différences accidentelles, et par conséquent temporaires, qui porteraient sur l'âge, la consistance et même l'essence des peuplements.

Mais, dans les conditions de la végétation, il y en a qui peuvent être considérées comme immuables ; ce sont, par exemple, celles qui tiennent au climat, à l'exposition, à la nature des essences, à la qualité du sol, et ces conditions sont quelquefois tellement différentes d'une parcelle à une autre, que l'on ne saurait vraiment être autorisé à passer outre. Il est certain qu'une affectation située sur une rampe exposée au midi, ne rapportera pas, toutes les autres conditions étant égales d'ailleurs, autant que celle qui occupera un versant septentrional ; et qu'un massif reposant sur un sol substantiel, frais et profond, rapportera plus que celui qui croîtra sur un terrain maigre, sec et sans profondeur.

On sait qu'il est de principe de composer autant que possible les affectations, de manière que les bonnes parties compensent les mauvaises. On sait aussi qu'au moyen de la division d'une forêt en séries, on parvient souvent à éviter les embarras qu'occasionnent, dans la formation des affectations, les différences de fertilité des parcelles. Néanmoins, on doit prévoir des cas où ces moyens seraient insuffisants pour corriger les grands écarts que présenteraient les rendements probables des affectations.

Dans ces cas-là, mais dans ces cas-là seulement, on pourrait donner aux affectations, des contenances inversement proportionnelles à leur puissance productive, en s'aidant, pour établir ce rapport dans les puissances productives, de tous les éléments d'appréciation que fourniraient les tables d'expérience, les observations directes, la tradition surtout.

Pour ne point se tromper trop grossièrement dans une opération de ce genre, il faut être très-expérimenté et très-circonspect. C'est surtout lorsque les différences dans les conditions de végétation, portent sur la qualité des terrains, que les erreurs sont à craindre. Il n'en est pas des sols forestiers, ne l'oublions pas, comme des sols agricoles. Ceux-ci sont bien connus ; les relations qui existent entre leur nature et le produit qu'ils peuvent donner sont bien établies et constantes. On peut assurer que telle terre ne produira que du seigle, et qu'elle en produira tant d'hectolitres. Pour les forêts il n'y a guère de mauvais sols, en ce sens que dans presque tous, les bois peuvent prospérer. Tel terrain qui, dénudé et desséché, ne paraît propre à rien, est cependant absolument semblable, sauf l'humus et la fraîcheur, à celui qui porte une magnifique futaie. On ne saurait donc être trop prudent lorsqu'on recherche l'influence que peut avoir la qualité du sol sur la production forestière. Quant à l'influence de l'essence, du climat, de l'exposition, elle est moins douteuse.

Ces réflexions faites, je n'ai qu'un mot à ajouter sur l'emploi des coefficients de production. Lorsque ces coefficients sont fixés, on multiplie la contenance réelle de chaque parcelle par le coefficient y relatif, et on porte le résultat de cette multiplication sur le tableau des affectations, qui est modifié en conséquence conformément au modèle suivant.

TABLEAU DES AFFECTATIONS

LEUR CONTENANCE ÉTANT INVERSEMENT PROPORTIONNELLE A LA PRODUCTIVITÉ DU SOL.

DÉSIGNATION des		CONTENANCE RÉELLE des parcelles.	COEFFICIENT DE production.	CONTENANCE FICTIVE des parcelles.	NATURE DU SOL.	EXPOSITION.	ESSENCES.	ÉTAT DU PEUPLEMENT	AGE du peuplement		CLASSEMENT DES PARCELLES DANS L'AFFECTATION DE LA										OBSERVATIONS.
									ACTUEL.	D'EXPLOITA-BILITE.	1re période. Contenance		2e période. Contenance.		3e période. Contenance.		4e période. Contenance.		5e période. Contenance.		
CANTONS.	PARCELLES.										réelle.	fictive.	réelle.	fictive.	réelle.	fictive.	réelle.	fictive.	réelle.	fictive.	
		hect		hect							hect.	ect.	hect.	hect.	hect.	hect.	hect.	hect.	hect.	hect.	

On procède à l'égalisation des totaux des contenances fictives, par des transferts, en se conformant aux préceptes que j'ai donnés, et on obtient ainsi, pour les affectations, des contenances réelles inversement proportionnelles à leur puissance productive.

ARTICLE II.

RÈGLEMENT DES EXPLOITATIONS PAR PÉRIODE.

Quand la révolution peut être définitive, et le plan d'exploitation normal, le règlement des exploitations par période est peu compliqué. On ne change rien à la première partie du tableau des affectations, et l'on substitue dans la seconde partie, les mots *parcelles à régénérer* dans la première, la deuxième, la troisième période, etc., aux mots *classement des parcelles dans l'affectation* de la première, la deuxième, la troisième période, etc.; tous les bois compris dans la colonne affectée à la première période devront être régénérés, la révolution étant de 100 ans, et la période de 20, dans les 20 premières années; tous ceux compris dans la colonne affectée à la deuxième période, dans les 20 années suivantes, etc.

Mais les coupes de régénération, autrement dites coupes *principales*, ne sont pas les seules qu'il y ait à faire dans une futaie, et si, dans les taillis, les nettoiements et les éclaircies sont des opérations exceptionnelles et, dans tous les cas, d'une faible importance par leurs produits immédiats, il n'en est pas de même dans les futaies. Ici, les exploitations de l'espèce ont une grande utilité, sous le rapport cultural, et sont en outre très-recommandables par les avantages matériels qu'elles procurent immédiatement. C'est une première raison pour qu'on les fasse figurer sur le tableau des exploitations. En outre, une éclaircie, pour être bien faite, ne demande pas seulement que les agents d'exécution se conforment aux exigences actuelles, et à ce qu'on appelle les circonstances intérieures du peuplement; elle demande surtout qu'ils aient connaissance et qu'ils se préoccupent du rang que ce peuplement est appelé à prendre dans l'échelle des âges. Comme il est très-rare de rencontrer des massifs homogènes; comme les sujets de différents âges s'y trouvent ordinairement entremêlés, il importe beaucoup, pour qu'une éclaircie atteigne le but qu'on doit se proposer, que les agents d'exécution sachent quel est l'âge qu'il convient de faire prédominer dans un peuplement, et qu'ils connaissent en conséquence pendant combien de temps ce peuplement aura à rester sur pied, avant d'arriver en tour de régénération. Mais pour cela, il est nécessaire de faire figurer les nettoiements et les éclaircies sur le tableau des exploitations; il est nécessaire que ce tableau indique, sinon l'année précise, du moins la période de la révolution dans laquelle une parcelle devra être nettoyée ou éclaircie.

Cette indication n'est d'ailleurs nullement embarrassante.

Les périodes embrassent presque toujours un laps
de temps plus considérable que celui qui, d'après les
règles de la culture, doit s'écouler entre deux éclaircies successives; et il en résulte qu'il y a lieu de
porter chaque parcelle dans toutes les périodes, soit
pour être nettoyée, soit pour être éclaircie, à l'exception pourtant de la période dans laquelle elle aura été
portée, pour être exploitée en coupe de régénération.

Ainsi, la parcelle R, qui figure sur le tableau
comme devant être régénérée dans la première période, devra y figurer en outre comme devant être
nettoyée ou éclaircie dans les autres périodes. Seulement, pour éviter qu'on ne confonde, sur le tableau
des exploitations, les coupes d'amélioration avec les
coupes principales, on a soin d'affecter aux unes et
aux autres, pour chaque période, une colonne spéciale, et le tableau des exploitations, par période, devient alors conforme au modèle ci-contre.

TABLEAU DES EXPLOITATIONS PAR PÉRIODE.

| DÉSIGNATION des | | CONTENANCE DES PARCELLES. | NATURE DU SOL. | EXPOSITION. | ESSENCES. | ÉTAT DU PEUPLEMENT. | AGE du peuplement | | 1re PÉRIODE. Coupes | | 2e PÉRIODE. Coupes | | 3e PÉRIODE. Coupes | | 4e PÉRIODE. Coupes | | 5e PÉRIODE. Coupes | | OBSERVATIONS. |
CANTONS.	PARCELLES.	hect.					ACTUEL.	D'EXPLOITABILITE.	de régénération. hect.	d'amélioration. hect.	de régénération. hect.	d'amélioration. hect.	de régénération. hect.	d'amélioration. hect.	de régénération. hect.	d'amélioration. hect.	de régénération. hect.	d'amélioration. hect.	

Comme nous avons supposé que l'état de la forêt permettait de fixer dès à présent et d'une manière définitive l'ordre des exploitations, en totalisant les contenances portées dans les colonnes du tableau, on devra trouver pour chaque période une étendue égale à la contenance totale de la forêt.

ARTICLE III.

RÈGLEMENT DES EXPLOITATIONS ANNUELLES.

Coupes principales. — Si la forêt à aménager pouvait être exploitée à blanc étoc ; s'il était permis de compter sur la régénération naturelle, malgré l'abatage, en une fois, de tous les arbres existants sur une contenance donnée ; ou bien, si l'on trouvait économique de remplacer le repeuplement naturel par un repeuplement artificiel, et que celui-ci n'eût besoin, pour réussir, d'aucun abri, le règlement des exploitations annuelles s'effectuerait en partageant chaque affectation en vingt parties, ayant des contenances égales ou inversement proportionnelles à leur fertilité. On suivrait, pour la division de chaque affectation en coupes annuelles, les mêmes règles que pour l'aménagement d'un taillis.

Mais, je l'ai dit, la nécessité de n'exploiter qu'en plusieurs fois les arbres existants sur un point donné, afin d'en assurer la régénération naturelle, s'oppose à l'adoption de cette manière toute simple de procéder ;

et c'est ici que l'aménagement des futaies exige des opérations qui n'ont aucune analogie avec celles que comporte l'aménagement des taillis.

Jusqu'à présent, tous nos efforts ont tendu, dans notre étude sur l'aménagement, à baser les exploitations sur la contenance, à cause de la simplicité, de la rapidité et de la sûreté que cette méthode est de nature à imprimer à l'assiette des coupes. Nous sommes forcés maintenant de recourir à une autre base, car nous essayerions vainement de concilier la possibilité par contenance avec les exigences du rapport soutenu et de la régénération naturelle. On l'a tenté cependant, et il paraît qu'on y a presque réussi (1); mais, sans nul doute, cette expérience a eu lieu dans des conditions tout à fait exceptionnelles, et l'on ne saurait s'en prévaloir quand il s'agit de poser des règles d'une application générale. On conçoit, par exemple, que dans une futaie de hêtres, reposant sur un sol substantiel, dans un climat tempéré, croissant enfin dans des conditions favorables à la fertilité des arbres de cette essence et à la germination des semences, on précise, sans s'exposer à de trop grands mécomptes, les époques auxquelles devront avoir lieu, sur un point donné, les coupes de régénération. Le jeune plant de hêtre résiste longtemps sous le couvert. Les dernières éclaircies, pour peu qu'elles soient fortes, seront suivies, dans la forêt supposée,

---

(1) Voir les *Annales* de 1848, p. 158.

d'un repeuplement naturel qu'on trouvera en bon état,
qu'on pourra utiliser, lorsque arrivera le moment de
procéder aux coupes principales ; et que ces dernières
soient faites un peu plus tôt ou un peu plus tard, en
une ou plusieurs fois, cela n'aura pas beaucoup d'importance pour la régénération, qui sera déjà un fait
accompli. Mais supposons une autre essence, le chêne
par exemple, un climat plus rude, un sol moins fertile,
et le repeuplement sera exposé à des éventualités qui
ne permettront pas aux exploitations annuelles de suivre une marche régulière.

Il y a deux choses qui ne sauraient être prévues longtemps à l'avance et d'une manière précise, dans l'application de la méthode du réensemencement naturel :
c'est d'abord l'assiette des coupes ; c'est ensuite le nombre
d'arbres à enlever dans chacune de ces coupes.

Un écrivain fort distingué, auquel le recueil des
Annales forestières doit des communications très-in-
téressantes, a essayé de prouver que la possibilité par
contenance pouvait se concilier avec l'incertitude de
l'assiette des coupes (1). Mais, pour cela, il a été obligé
d'admettre qu'il était possible de se fixer sur le nombre
des arbres à enlever dans chacune des trois coupes de
régénération. Ce nombre étant, par exemple, d'un tiers
des arbres sur pied pour chacune d'elles, et la période
étant de vingt ans, au lieu d'exploiter chaque année,

____

(1) Voir les *Annales forestières* du mois de septembre 1847.

en coupe rase, un vingtième de l'affectation des bois exploitables, on exploiterait les trois vingtièmes, partie ici, partie là, en coupe d'ensemencement, en coupe claire ou en coupe définitive, selon l'état des peuplements. S'il était admis que chacune des deux premières coupes dût prendre un quart des arbres sur pied, et la coupe définitive, le surplus, chaque hectare exploité, soit en coupe d'ensemencement, soit en coupe claire, serait considéré comme représentant un quart de la *possibilité*, et chaque hectare exploité en coupe définitive comme en représentant la moitié. Pour compléter la *possibilité*, on aurait donc, chaque année, à parcourir une étendue telle que, multipliée, selon la nature de la coupe, d'ensemencement, secondaire ou définitive, par le facteur **0,5** ou **0,25**, elle reproduisît un nombre d'hectares égal au vingtième de l'affectation.

Tel est le moyen imaginé pour échapper aux prétendus inconvénients de la méthode d'exploitation basée sur la *possibilité* par volume. Ce moyen a été repoussé par des raisons très-catégoriques dans un article qui n'est pas signé, mais dont il est facile de deviner l'auteur ; car il est fait *ex professo*. Je renvoie à ce remarquable travail ceux de mes lecteurs qui auraient le désir de se rendre compte de tous les motifs qui rendent inapplicable au traitement des futaies, la *possibilité* par contenance (**1**). Je me bornerai à faire observer ici que

---

(1) Voir les *Annales forestières* du mois de décembre 1847.

l'expédient inventé pour démontrer le contraire, serait de nature, lors même qu'il ne s'appuierait pas sur une hypothèse inadmissible, à enlever à cette *possibilité* son principal mérite.

On ne saurait fixer pour un peuplement quelconque, le nombre d'arbres qu'il sera nécessaire ou utile de faire tomber dans chacune des coupes de régénération ; et, pour s'en convaincre, il n'est pas nécessaire de recourir à des preuves tirées de la variabilité des conditions dans lesquelles peut se trouver un massif, et des accidents imprévus auxquels la végétation est exposée. Il suffit de considérer qu'en réalité, si l'on en excepte la coupe définitive, les coupes de régénération, quelque faible que soit leur étendue, ont bien rarement un caractère tranché qui permette de les classer, soit dans la catégorie des coupes d'ensemencement, soit dans la catégorie des coupes claires. Elles participent presque toujours des deux : les unes ne sont que la continuation des autres, et on poursuit une chimère, quand on veut délimiter chacune de ces coupes, en préciser l'assiette et par conséquent la contenance.

Mais admettons l'hypothèse.

Je dis qu'en adoptant, pour les futaies, la *possibilité* par contenance, on ne réaliserait aucun des avantages qui la rendent recommandable pour les taillis.

Ces avantages consistent, on le sait, dans la régularité, la simplicité, la promptitude, la sûreté des opérations.

La régularité : il faudrait y renoncer, puisque l'assiette des coupes ne suivrait plus aucune marche certaine.

La simplicité : on ne pourrait point l'obtenir, puisque l'étendue à donner aux coupes annuelles devrait changer suivant la nature même de ces coupes, et qu'il serait nécessaire, sans parler de la difficulté de fixer la ligne précise de démarcation entre deux coupes différentes, de procéder à des arpentages multipliés.

La promptitude et la sûreté : il est aisé de prévoir ce qu'elles deviendraient en présence des incertitudes, des tâtonnements, des difficultés d'appréciation et des travaux géodésiques que je viens de signaler.

Il faut donc absolument trouver une autre base que la contenance pour régler les exploitations annuelles, dans une futaie exploitée par la méthode du réensemencement. Cherchons-la.

Si la forêt dans laquelle nous avons à faire cette découverte, forêt exploitable dans une révolution de 100 ans, se composait de 100 peuplements ne différant que par l'âge, occupant d'ailleurs d'égales contenances, composés des mêmes essences, végétant dans les mêmes conditions ; si l'on pouvait ajouter au matériel existant, celui que chaque peuplement serait susceptible d'acquérir ; n'est-il pas vrai qu'en divisant par 100 le volume total fourni par cette addition, on aurait pour quotient, la quantité de bois dont la forêt s'accroîtrait annuellement, et, par conséquent, celle qu'on pourrait prendre chaque année et perpétuellement, sans altérer sa puissance productive, en ayant soin toutefois de ne jamais abattre que les arbres les plus vieux ?

L'affirmative est évidente.

Le volume peut, en conséquence, servir de mesure aux exploitations annuelles, et, au lieu d'exprimer la *possibilité* en hectares, on peut l'exprimer en mètres cubes.

C'est exclusivement sur cette base du volume qu'ont été fondés les premiers aménagements de futaies, lorsque l'ancienne et vicieuse méthode à tire et aire a été abandonnée.

Après avoir formé les affectations en classant les parcelles dans les différentes périodes, d'après les convenances de leur âge d'abord, et très-secondairement des règles d'assiette, on procédait à la recherche du matériel exploitable dans tout le cours de la révolution , et à cet effet, après avoir déterminé par des comptages individuels ou des places d'essai, le volume actuel de chaque parcelle, on calculait par les moyens plus ou moins sûrs qu'indique la dendrométrie, le volume dont elle était susceptible de s'accroître avant d'arriver en tour d'exploitation; mais comme on ne pouvait fixer d'avance, d'une manière certaine, l'année même de l'exploitation, on établissait les calculs comme si toutes les parcelles comprises dans une affectation , étaient destinées à être exploitées au milieu de la période correspondante (1).

---

(1) Supposons un produit qui aurait pour accroissement annuel l'unité, qui serait dès lors 1 la première année d'une période et 20 la

Le volume total exploitable dans le cours de la révolution étant ainsi établi, il fallait voir s'il se partageait par portions égales entre les diverses périodes : dans l'affirmative, il n'y avait aucune modification à y apporter, et en le divisant par le nombre d'années de la révolution, on obtenait le chiffre de la *possibilité* annuelle. Dans la négative, on procédait à l'égalisation des produits périodiques par des transpositions faites conformément aux règles connues, et en tenant compte surtout de l'accroissement ou de la diminution des produits transportés d'une période dans une autre, attendu qu'ils devaient nécessairement augmenter de tout l'accroissement que prennent les bois dont l'exploitation est retardée, ou diminuer de celui qu'ils ne peuvent prendre, lorsque leur exploitation est avancée.

Quand on avait effectué de cette manière, l'égalisation des produits périodiques, et modifié en conséquence le volume exploitable dans le cours de la révolution, on obtenait le chiffre de la *possibilité* annuelle, en divisant ce volume comme on vient de le dire ci-dessus, par le nombre d'années compris dans la révolution.

---

dernière, le produit par année moyenne serait alors 10, parce que tous les termes d'une progression arithmétique dont le premier terme est 1 et la raison 1 donnent pour la somme des vingt premiers termes 210, dont le vingtième, pour produit annuel, est 10 1/2 ou, en nombres ronds, 10, moyenne arithmétique des vingt nombres inégaux qui représentent les produits successifs supposés de la série des vingt produits annuels de la période.

Tel est en quelques mots, mais dans son objet principal et caractéristique, le système qui a été mis en vigueur, lorsque la *possibilité* par contenance ayant été reconnue vicieuse et inapplicable aux futaies, on a cherché à y substituer celle par volume.

Mes lecteurs n'ont certainement pas besoin que je leur signale les vices de ce système, car les observations que j'aurais à faire à cet égard seraient la reproduction textuelle de celles que j'ai développées à l'occasion des divers procédés mis en usage pour assurer le rapport soutenu. J'ai surabondamment démontré que celui de ces procédés qui est basé sur la production effective des parcelles, et qui a, par conséquent, pour résultat de déterminer la *possibilité*, n'avait aucune valeur pratique, à cause des incertitudes inhérentes au calcul de l'accroissement futur, pour les massifs éloignés de l'époque de leur exploitation, et des erreurs monstrueuses dans lesquelles on est exposé à tomber en entreprenant un semblable travail.

L'engouement pour la *possibilité* par volume, calculée pour toute la durée de la révolution, a pourtant été général à un certain moment, et tous les agents forestiers n'en sont même pas encore dégagés. C'est un grand malheur; car, quelle que soit l'habileté de l'opérateur, quelques soins qu'il prenne pour assurer le succès de ses travaux, il ne peut aboutir qu'à des déceptions. L'aménagement de la forêt de Ribeauvillé, exécuté en 1835 par les élèves de l'École Forestière, sous la direction du regrettable M. de Salomon, un de nos praticiens les plus exercés, l'a bien prouvé : les comptages et calculs effectués dans cette circonstance donnèrent des résultats qu'une expérience de quelques années a déjà contredits.

Mais si la détermination de la *possibilité* annuelle, pour toute la durée de la révolution, renferme de grands dangers, lors même qu'elle est faite conformément à toutes les règles et à toutes les précautions qu'enseigne la science, il est aisé de prévoir qu'elle devient la plus inutile et, disons le mot, la plus absurde des opérations, lorsqu'on néglige, comme on l'a fait trop souvent, ces règles et ces précautions. Il n'y a pas de méthode d'aménagement qui dispense, par exemple, de la formation d'un plan d'exploitation, c'est-à-dire de l'obligation de fixer dans des limites aussi étroites que possible, l'assiette et l'époque des coupes. Pour calculer dans la méthode, exclusivement basée sur le volume, l'accroissement futur, il faut évidemment être fixé préalablement sur l'époque à laquelle une parcelle quelconque arrivera en tour d'exploitation ; il faut un plan d'exploitation, un tableau des affectations. C'est là cependant ce dont beaucoup d'agents ne paraissent pas se douter. Il fut un moment, et il n'est pas éloigné de nous, où presque de toutes parts, les agents forestiers se livraient à des dénombrements, à des cubages et à des appréciations de volumes futurs, sans réfléchir que ces travaux ne pouvaient aboutir à aucun résultat utile, dès qu'ils n'étaient pas fondés sur un parcellaire et un plan d'exploitation. C'est ainsi qu'on a gaspillé et qu'on gaspille encore, je le crains, beaucoup de temps.

Pour mettre un terme à ces déplorables errements, il serait à désirer qu'en attendant qu'elle pût publier une instruction sur les aménagements, l'administration défendît expressément de procéder à aucun inventaire sans son autorisation.

Reprenons la question du règlement des exploitations annuelles.

Les combinaisons difficiles, longues et compliquées, auxquelles on a eu recours dans l'aménagement des futaies, lorsqu'on a renoncé aux exploitations faites exclusivement par contenance, n'étaient pas, comme je l'ai montré, propres à remédier aux inconvénients de l'ancienne méthode ; car si elles en supprimaient quelques-uns, elles en provoquaient d'autres non moins graves ; et l'on peut dire que si, en théorie pure, elles apportaient un progrès à la science, en pratique, elles n'en réalisaient aucun. C'était un progrès réel que de substituer la possibilité par volume à celle par contenance ; mais on le compromettait en prétendant pousser l'application de ce principe au delà des bornes posées par la nature aux prévisions humaines.

Qu'y avait-il donc à faire pour retirer de l'adoption de la possibilité par volume les avantages qu'elle offre, sans s'exposer aux inconvénients qu'elle pourrait entraîner ?

Il y avait à ne l'appliquer que dans les limites d'une absolue nécessité.

Ainsi, il n'est pas absolument nécessaire, les affectations étant formées, d'établir une règle pour les exploitations annuelles de celles qui correspondent aux deuxième, troisième, quatrième et cinquième périodes, mais il est absolument nécessaire de l'établir pour l'affectation des bois exploitables.

Ramené à ces termes, le règlement des coupes annuelles ne souffre plus aucune difficulté, aucune complication, aucune incertitude.

On évalue le matériel exploitable ;

On ajoute à ce matériel le volume dont il serait susceptible de s'accroître dans un temps égal à la moitié de la période ;

On divise le total par le nombre d'années de cette période, pour avoir la quotité des exploitations annuelles.

Le seul élément qui, dans ces calculs, puisse exposer à des erreurs, est l'accroissement futur ; mais comme il s'agit de bois parvenus à la phase stationnaire de la végétation ; que leur accroissement ne s'évalue, d'un autre côté, que pour un petit nombre d'années, on peut affirmer qu'on ne saurait commettre une erreur sensible, soit qu'on prenne pour mesure de cet accroissement l'accroissement moyen des dix dernières années, soit qu'on le suppose égal à l'accroissement moyen annuel des massifs. Je n'insisterai pas sur ce point qu'il appartient à la dendrométrie de développer ; je ne m'arrêterai pas non plus aux procédés de cubage à employer pour déterminer le volume des bois sur pied. Je me bornerai à recommander de déterminer ce volume en mètres cubes, en grume, non-seulement pour la tige, mais pour les branches, sauf à le décomposer ensuite en marchandises, d'après les habitudes du commerce.

Toutes les *possibilités* devraient être exprimées de la même manière, par la même mesure, le mètre cube en grume qui est la seule précise ; et c'est une chose bien fâcheuse, qui occasionne beaucoup d'erreurs et, dans tous les cas, met du désordre dans la comptabilité forestière, que ce défaut d'unité qui existe actuellement dans la manière d'exprimer ces *possibilités*. Tel agent, en se servant du mètre cube, entend parler du mètre cube équarri au cinquième, tel autre du mètre cube équarri au quart, tel autre encore du mètre cube en grume. Les uns calculent la *possibilité* en mètres cubes, en stères et en fagots, les autres en stères seulement et en bourrées, etc., etc. Il ne serait pas moins raisonnable de la calculer en planches, en échalas, en merrain. Je le répète, il n'y a qu'une bonne manière de la formuler : c'est en mètres cubes en grume.

Coupes d'amélioration. — Les nettoiements et les éclaircies sont des opérations dont le produit immédiat est tout à fait secondaire, et dont le résultat pour l'amélioration des massifs est l'objet essentiel. Les principes rigoureux voudraient qu'elles fussent exclusivement subordonnées aux exigences de la végétation, et qu'en conséquence on ne les assujettît à aucune mesure préalable de temps, de contenance ou de volume ; mais cet affranchissement complet de toute règle ne pourrait guère se concilier avec l'ordre et la régularité qu'il importe d'introduire dans de vastes exploitations dont les gérants se renouvellent fréquemment.

Qu'un petit propriétaire ne s'impose aucune règle, pour les éclaircies à faire dans sa forêt, on le comprend et on l'approuve, parce que son œil est ouvert ou peut l'être sur tous les points où de pareilles améliorations seraient appelées par l'état du peuplement; mais dans les forêts domaniales, si les éclaircies n'étaient l'objet d'aucune prescription, il en résulterait inévitablement qu'on négligerait souvent de les entreprendre, parce que les chefs de cantonnement en ignoreraient l'urgence.

Il est donc utile que les coupes de l'espèce soient prévues et prescrites, et par suite soumises à un règlement, et il ne reste plus qu'à chercher celui qui s'accorde le mieux avec les conditions auxquelles elles doivent satisfaire.

Ce règlement ne saurait être basé sur le volume; en effet, pour fixer ce volume, toute base d'appréciation manque absolument. Étant donné un massif à nettoyer ou à éclaircir dans une certaine période de temps, il n'existe aucun moyen de savoir ce que produiront ces opérations, et il serait d'un autre côté très-dangereux d'imposer à ce sujet un chiffre quelconque aux agents locaux; car ce serait détourner leur esprit du but essentiel de leurs opérations et les exposer à sacrifier dans l'intérêt d'un produit immédiat, dont ils ne doivent pas du tout se préoccuper, l'intérêt de la conservation et de l'amélioration des massifs.

Un règlement basé sur l'étendue n'offre pas les mêmes dangers : sans doute, il arrivera que la contenance à prendre sera tantôt moins grande, tantôt plus grande qu'il ne faudrait rigoureusement, parce qu'il n'est pas admissible, quelle que soit la régularité du peuplement, qu'il ait besoin, chaque année, d'être éclairci ou nettoyé par portions égales ; mais, pour les éclaircies notamment, ce n'est pas une ou même plusieurs années de retard, qui peuvent compromettre sérieusement l'avenir d'un massif. L'essentiel est que, dans la contenance désignée pour être éclaircie, les agents aient la faculté de ne prendre que ce qu'ils jugeront convenable.

Ces principes n'ont pas toujours été pratiqués. Dans l'application de la méthode d'après laquelle on calculait la *possibilité*, par volume et pour toute la durée de la révolution, le produit des éclaircies périodiques entrait dans cette *possibilité*, ce qui ne constituait pas la moindre cause des complications et des incertitudes de l'opération ; car s'il est difficile de calculer l'accroissement futur des bois, lorsqu'ils sont éloignés de l'âge d'exploitabilité, il ne l'est pas moins d'apprécier ce qu'ils pourront donner dans les éclaircies successives qu'ils auront à subir.

Toutefois, on comprend, au moins en théorie, que les forestiers qui n'avaient pas reculé devant les calculs d'accroissement pour les jeunes bois, aient osé aborder

aussi l'évaluation du produit probable des éclaircies;
mais ce que l'on ne comprend pas, et ce qui est pourtant, c'est que des agents qui avaient repoussé le calcul
de la *possibilité* par volume des coupes principales,
pour toute la durée de la révolution, aient cru possible
et utile d'appliquer aux éclaircies cette même *possibilité*. On a vu des projets dans lesquels toutes les éclaircies, celles même des plus jeunes bois, figuraient dans
la *possibilité* par volume. On en a vu surtout beaucoup
où les éclaircies de l'affectation correspondant à la
deuxième période, étaient réglées d'après cette base.
On se décide évidemment avec peine à laisser dans
l'incertitude, dans l'obscurité, le produit matériel souvent considérable des opérations de l'espèce, et pourtant c'est un sacrifice nécessaire, si l'on veut mettre
chaque chose à sa place et subordonner les faits aux
principes.

. En conséquence, il convient de régler, par contenance, les coupes d'amélioration dans les futaies. Si
donc les périodes sont de 20 ans, et s'il y a lieu de
n'éclaircir le peuplement qu'une fois dans ce laps de
temps, chaque affectation sera partagée en 20 parties
égales, pour être nettoyées ou éclaircies successivement dans les 20 années de la période correspondante.
S'il était utile de répéter les éclaircies plus souvent,
tous les 10 ans, par exemple, chaque affectation serait
partagée en 10 parties, pour être éclaircies successivement, deux fois chacune, dans les 20 années de la
période correspondante.

D'après les indications qui précèdent, pour former le tableau des exploitations annuelles, nous n'aurons qu'à supprimer, dans le plan d'exploitation par période, les colonnes relatives aux 2ᵉ, 3ᵉ, 4ᵉ et 5ᵉ périodes, et à substituer dans celle de la 1ʳᵉ, aux contenances des parcelles à exploiter en coupes principales, les volumes desdites parcelles ; puis, en totalisant les colonnes et en divisant chaque total par 20, nous aurons la *possibilité*, tant par volume, pour les coupes principales, que par contenance, pour les coupes d'amélioration, à exploiter dans le cours de la 1ʳᵉ période.

Voir le tableau ci-contre :

TABLEAU SPÉCIAL

DES EXPLOITATIONS DANS LE COURS DE LA PREMIÈRE PÉRIODE.

DÉSIGNATION des		CON-TENANCE des PARCELLES.	NOMBRE D'ARBRES par parcelle.	VOLUME PAR PARCELLE		COUPES		OBSERVATIONS.
CANTONS.	PARCELLES.			ACTUEL.	AU MOMENT de l'exploitation	PRINCIPALES ou de régénération.	INTERMÉDIAIRES ou d'amélioration.	
		hect.		mèt. cub.	mèt. cub.	mèt. cub.	hect.	

$$\text{Totaux}\ldots\ldots\ \times^{\text{m. c.}} \quad \times'^{\text{m. c.}} \quad \times'^{\text{m. c.}} \quad \times''^{\text{hect.}}$$

$$\text{pour la possibilité annuelle} \quad \frac{\times'^{\text{m. c.}}}{20} \quad \frac{\times''^{\text{hect.}}}{20}$$

N. B. Je n'ai pas maintenu dans la première partie du tableau les renseignements relatifs aux conditions de la végétation, parce qu'ils ne sont pas nécessaires pour la formation de ce tableau, et je les ai remplacés par l'indication utile du nombre et du volume des arbres exploitables par parcelle.

La *possibilité* ne figure qu'en bloc et en matière sur ce tableau; or, il est utile d'en faire connaître le détail, tant en nature qu'en argent, au moyen d'un tableau particulier qu'on pourrait dresser conformément au modèle ci-contre (1) :

---

(1) La *possibilité*, en admettant qu'elle ait été calculée avec toute l'exactitude désirable, peut être modifiée par des accidents imprévus : un incendie, un coup de vent, des insectes, etc. D'un autre côté, il faut considérer que les propriétaires sont exposés à des besoins extraordinaires.

Plusieurs auteurs sont en conséquence d'avis qu'il est d'une bonne économie de mettre en réserve une partie de la *possibilité*, afin d'obvier à ces accidents et à ces besoins.

Les divers systèmes proposés à cet effet, reviennent, en définitive, à n'exploiter chaque année qu'une portion, les 3/4 par exemple, du volume qu'on pourrait prendre rigoureusement.

Je ne suis pas tout à fait partisan de cette mesure, qui ne peut que compliquer le plan d'exploitation, et qui me paraît en outre de nature à compromettre la régularité des exploitations et le rapport soutenu : la régularité des exploitations, puisqu'elle expose à ne pas épuiser une affectation dans la période correspondante ; le rapport soutenu, car si l'occasion d'employer la réserve ne se présentait pas, il faudrait bien pourtant l'exploiter, sous peine de prolonger la révolution au delà du terme reconnu le plus convenable.

Je crois qu'il serait peut-être plus raisonnable d'attendre qu'un déficit se produisît dans le matériel exploitable, pour y remédier par une réduction proportionnelle de la *possibilité* annuelle.

TABLEAU DÉTAILLÉ DE LA POSSIBILITÉ.

NATURE des COUPES.	PRODUIT BRUT en MATIÈRE.	DÉCOMPOSITION DU PRODUIT BRUT en marchandises.	PRIX SUR PIED PAR NATURE de marchandises.	PRIX SUR PIED total.	OBSERVATIONS.

Quand on a rempli le tableau spécial d'exploitation de la première période, on a complété la série des documents nécessaires pour assurer, pour régler la marche des coupes d'une manière conforme au but de l'aménagement, et je ne crois pas, contrairement peut-être à l'opinion de bon nombre de forestiers, qu'il soit convenable de soumettre les agents d'exécution à aucune autre prescription particulière à propos de cette marche. Tout ce qu'il est permis de faire, c'est, à titre de conseil, de leur désigner les parcelles qui, par suite de leur âge plus ou moins avancé, ou de leur état plus ou moins prononcé de dépérissement, devraient être exploitées avant les autres; c'est aussi de leur indiquer quelles sont les circonstances climatériques ou autres qui pourraient être des raisons pour que l'on commençât les exploitations par tel ou tel côté de l'af-fectation. Mais, je le répète, toute prescription à ce sujet serait inopportune et dangereuse.

Pour ce qui concerne surtout les coupes de régénéra-tion, il est de principe que les agents d'exécution doivent avoir la faculté de porter la hache dans les parcelles où ils le jugeront le plus urgent, de prendre la *possibilité* sous forme de coupes d'ensemencement, secondaire ou définitive, dans les proportions qu'ils croiront les plus convenables; et l'on ne pourrait démontrer la con-venance de leur imposer des obligations à cet égard, qu'en prouvant en même temps que la durée de la pé-riode n'a pas été fixée d'après les règles que j'ai exposées, qu'elle est plus longue, par exemple, qu'il ne faudrait pour compléter la régénération naturelle de l'affectation correspondante.

Bien des gens se figurent que lorsque l'aménagement est fait, l'exploitation d'une forêt n'exige plus des agents locaux ni esprit d'observation, ni sagacité, ni intelligence. C'est là une grande erreur : pour se mouvoir dans le cadre très-large que leur fixe l'aménagement, pour se mouvoir avec le succès désirable, ces agents ont, au contraire, à accomplir une tâche difficile qui demande beaucoup d'activité, d'attention et une expérience consommée.

Les coupes d'amélioration ne réclament pas autant de liberté d'action que les coupes principales. Ces coupes peuvent, la plupart du temps, être avancées ou reculées sans inconvénients graves ; il y a donc des cas où il serait sans doute avantageux d'en fixer l'assiette sur le terrain, soit en se servant pour cela des limites des parcelles existantes, soit en partageant par portions égales et régulières chaque affectation.

Avant de m'occuper du plan d'exploitation dans les futaies qui ne comportent pas un aménagement normal, qu'il me soit permis de rendre hommage aux forestiers qui ont les premiers posé les bases de la méthode simplifiée dont je viens de développer le mécanisme et les précieux avantages : l'aménagement par case, c'est-à-dire fondé sur la *possibilité* par volume, calculée pour toute la révolution, était seul pratiqué et désespérait l'administration et les agents par des complications et des déceptions de toute sorte, lorsque MM. Lorentz et Parade ont exposé, dans leurs cours de culture, les principes qui devaient ramener la simplicité et l'ordre dans la gestion très-compromise de notre sol forestier.

L'aménagement avait suivi, du reste, la marche habituelle de toutes les conceptions humaines : informes au début, elles passent presque toujours par une phase de complication ; puis arrivent des esprits fermes et rigoureux, simplificateurs, qui les dégagent de toutes les superfétations, de tous les rouages inutiles et leur donnent la valeur pratique. C'est ce qu'ont fait, pour l'aménagement, MM. Lorentz et Parade, et la science leur est redevable sous ce rapport, comme sous beaucoup d'autres, d'un progrès qui est destiné à exercer l'influence la plus heureuse sur l'avenir de nos forêts.

DEUXIÈME SECTION

Du plan d'exploitation dans les futaies, la révolution pouvant être définitive et la marche des coupes devant être provisoire.

ARTICLE PREMIER.

FORMATION DES AFFECTATIONS.

§ 1er.

Utilité de la formation immédiate des affectations normales.

Quand la révolution est définitive, le plan peut être provisoire, en ce sens que, pendant la première révolution, les parcelles appartenant à une affectation quelconque, ne devront pas toutes être régénérées durant la période correspondante.

Ces exceptions à la règle, qui ne s'étendent ordinairement qu'à des portions peu importantes de l'affectation, ne doivent exercer aucune influence sur la formation du tableau des affectations.

Ce tableau établi, d'abord d'après l'âge respectif des parcelles, remanié ensuite conformément aux exigences des règles d'assiette, est arrêté enfin comme si chaque classe d'âge était complète, ou, si l'on aime mieux, comme s'il y avait harmonie parfaite entre l'état du peuplement de chaque affectation et le rang de la période correspondante.

En effet, lorsqu'on aménage une forêt, il est fort utile que la situation que l'on a en vue de réaliser, au moyen de cette opération, soit exactement déterminée ; or elle ne saurait l'être que par le tableau des affectations.

Ce tableau est un cadre dans lequel il faut faire rentrer le plus promptement possible, et par les procédés que la culture enseigne, les parcelles d'une forêt ; c'est un casier dont chaque compartiment est destiné à contenir des bois d'un âge déterminé, une classe d'âge particulière ; il est donc nécessaire que la place et la contenance de chacun de ces compartiments soient connues d'avance, afin que les agents forestiers puissent façonner le peuplement de manière qu'il s'y adapte.

J'ai eu souvent occasion de vérifier des procès-verbaux d'aménagement, dans lesquels on avait cru devoir insérer des prescriptions longuement développées sur le traitement à appliquer aux différentes parcelles, suivant qu'elles se trouvaient dans telle ou telle condition.

Le tableau normal des affectations rend ces prescriptions à peu près inutiles. Le fait seul du classement d'une parcelle dans une affectation indique suffisamment les fonctions qu'elle a à remplir, et par suite le traitement qui lui convient.

La formation immédiate du tableau normal des affectations a un autre avantage : elle évite pour l'avenir des remaniements et des travaux de réforme pénibles, embarrassants et coûteux.

Cette formation, dans l'hypothèse où nous nous sommes placés, sera donc faite d'après des considérations analogues à celles que j'ai développées dans la section précédente.

C'est pour le règlement provisoire des coupes que nous trouverons l'occasion d'indiquer des prescriptions toutes particulières et exceptionnelles.

Au reste, ce règlement provisoire est de nature à faciliter singulièrement, comme je vais le montrer, la formation des affectations.

§ 2.

Des facilités que donne, pour la formation des affectations, l'adoption d'une marche provisoire pour les coupes.

On ne doit se résigner à adopter un règlement provisoire pour les exploitations — cela se comprend — qu'en cas d'absolue nécessité, et, par conséquent, toutes les fois que les règles d'assiette ou les exigences impérieuses du rapport soutenu ne s'y opposent pas, on évite de classer dans une affectation, des parcelles qu'on ne pourrait pas régénérer dans la période correspondante. Mais il est très-rare que dans des forêts dont le traitement n'a jamais été subordonné à des vues d'ensemble, à un plan quelconque, on ne trouve pas des bouquets ou parcelles de vieux bois disséminés au milieu de jeunes perchis, et *vice versá*, et qu'on ne soit pas dès lors amené à comprendre dans la même affectation, des peuplements qui ne sauraient être régénérés dans la même période.

Il arrive donc presque toujours qu'on est obligé de mettre dans la dernière affectation, avec des vides ou de jeunes fourrés, des parcelles de bois exploitables, ou bien dans la première, avec des bois mûrs, des vides et de jeunes repeuplements. Je ne saurais indiquer toutes les anomalies auxquelles on pourrait être forcé de se conformer. J'en donnerai seulement quelques exemples.

Il est évident que lorsqu'on veut faire suivre à des parcelles la même destinée, il faut chercher celles dont les âges se rapprochent le plus ; mais toutes les fois qu'on est obligé de renoncer à soumettre, pendant la première révolution, au même traitement, des parcelles comprises ou à comprendre dans la même affectation, il faut au contraire réunir celles dont les âges présentent l'écart le plus considérable ; parce que c'est le moyen d'avancer le plus possible l'époque de l'établissement de l'état normal.

Ainsi, les jeunes fourrés qui appartiennent naturellement à la dernière affectation, peuvent être compris dans la première ; il en sera de même des vides, car, si on les régénère immédiatement, qu'ils soient dans l'une ou dans l'autre, ils s'harmonieront avec les peuplements environnants, et ne nécessiteront plus d'exception pour leur régénération ultérieure.

Les bois mûrs, c'est-à-dire les bois exploitables, qui appartiennent à la première affectation, seront bien placés dans la dernière, au milieu des fourrés et des vides ; parce qu'en les exploitant dans la première période, ils seront remplacés par de jeunes semis qui ne feront pas disparate au milieu des massifs qui les entoureront.

On voit combien le tableau provisoire des exploitations est propre à faciliter la formation des affectations de la manière la plus convenable, pour la constitution ultérieure aussi parfaite que possible des classes d'âge. Est-on embarrassé pour former la première affectation, attendu que les massifs exploitables se trouvent divisés en deux parties, l'une située au commencement de la série, l'autre à la fin? Il n'y a pas d'inconvénient à classer l'une de ces parties dans la première affectation, l'autre dans la dernière; seulement, celle-ci devra être régénérée *exceptionnellement*, dans le cours de la première période. Les parcelles qui la formeront, après avoir été ainsi régénérées, le seront encore à la fin de la première révolution. Mais de même qu'une parcelle est susceptible d'être exploitée deux fois, de même il y en a qui peuvent ne pas l'être du tout, et, par exemple, celles composées de tout jeunes bois, qu'on aurait dû comprendre dans la première et même dans la deuxième affectation.

En définitive, on doit toujours avoir en vue l'état des

affectations après la première révolution, et adopter les combinaisons les plus propres à le rapprocher de la régularité désirable.

Mais ce ne sont pas là les seules facilités que présente le tableau provisoire des coupes, pour régler les affectations dans une forêt irrégulière; en voici une autre que je signale, parce que l'occasion d'en profiter est fréquente : il s'agit d'une parcelle de jeunes bois qui appartiendrait, non-seulement par son âge, mais aussi par sa position, à la quatrième affectation ; malheureusement l'état abrouti du peuplement ou son origine (des rejets de souches) ne permettent pas de conduire cette parcelle jusqu'à l'époque où l'affectation arrivera en tour de régénération. Eh bien ! on surmonte cette difficulté, cet embarras, en décidant que cette parcelle sera coupée en taillis, à chaque période, jusqu'au moment où les bois qui l'entourent, devant être régénérés, elle sera remplacée par des repeuplements artificiels. Il pourrait en être ainsi de toute une affectation (1).

Enfin, lorsqu'il y a impossibilité de placer des vides dans l'une des affectations extrêmes, il est bon de stipuler que leur repeuplement, s'il peut être fait immédiatement, ce qui est désirable, sera effectué avec des

---

(1) Voir le remarquable article que contient le tome III des *Annales forestières*, sur un nouveau mode de conversion des taillis en futaies, mode qui a été appliqué dans la forêt de Cerisy (Calvados), et qui l'est également, je crois, dans la conservation de Paris.

essences qui, ayant moins de longévité que la masse de la forêt, puissent atteindre leur âge d'exploitabilité à l'époque où l'affectation dont elles feront partie, arrivera en tour de régénération.

Telles sont les règles que l'on doit observer pour établir le tableau des affectations dans les forêts qui ne peuvent pas être soumises immédiatement à un plan normal. Il me reste maintenant à indiquer, pour le tableau des exploitations, le cadre qui paraît le mieux se prêter à la consignation des prescriptions que ce tableau comporte.

ARTICLE II.

RÈGLEMENT DES EXPLOITATIONS PAR PÉRIODE.

§ 1er.

Coupes principales ou de régénération.

Le tableau des exploitations doit être tel que l'on puisse juger, du premier coup d'œil, d'après la place qu'y occupe une parcelle, du traitement qu'il faut appliquer à cette dernière. Dans une forêt régulière, il n'y a que deux natures de coupes à prévoir : les coupes principales ou de régénération et les coupes d'amélioration (éclaircies et nettoiements).

Dans une forêt irrégulière, il n'y a à faire que des coupes de même genre, sans doute ; mais nous venons de voir que ces coupes qui, dans un plan normal, sont spécifiées par la période à laquelle une parcelle est affectée, peuvent avoir besoin d'une autre indication. Une parcelle affectée à la cinquième période, par exemple, devra souvent être exploitée sous forme de coupe principale, dans la première ; une autre classée dans la quatrième devra, au lieu d'être éclaircie, être exploitée en taillis avant d'être régénérée ; et, dès lors si, se contentant, pour les coupes principales, du nombre de colonnes qui figurent dans le tableau normal p. 272, on classait ces parcelles dans les colonnes correspondant à l'époque de leur régénération, il s'établirait inévitablement une confusion sur le point capital de savoir de quelle affectation elles sont destinées à faire partie.

On a donc proposé, et je propose, à mon tour, d'ouvrir auxdites parcelles une colonne particulière, spéciale, avec l'en-tête : *Coupes extraordinaires*. Ce sont, en effet, dans toute la force du terme, des coupes extraordinaires qu'il y aura lieu d'effectuer sur les parcelles inscrites dans ces colonnes : extraordinaires, soit parce qu'elles se présenteront dans une période autre que celle dans laquelle elles devraient normalement être faites, soit parce qu'elles seront contraires au mode d'exploitation adopté pour l'affectation dans laquelle elles sont comprises.

Je désigne, en définitive, sous le nom de *coupes extraordinaires*, celles des parcelles qui, par exception à la règle générale, à la marche normale des exploitations, devront être accidentellement exploitées dans une période autre que celle à laquelle appartient l'affectation dont elles font partie, ou sous une autre forme, d'après un autre mode d'exploitation que celui qui est destiné à leur être appliqué ultérieurement.

Je propose ensuite de classer ces coupes dans une colonne spéciale, afin que l'on ne puisse pas prendre pour la règle ce qui n'est que l'exception.

Nous ajouterons donc une deuxième colonne à chaque période du tableau p. 272, et nous l'intitulerons : *Coupes extraordinaires;* puis nous subdiviserons cette colonne en deux : l'une pour les coupes principales de futaie, l'autre pour les coupes de taillis. Nous placerons dans la première toutes les parcelles qui devront être l'objet de coupes extraordinaires, par ce seul fait qu'elles seront à régénérer dans une autre période que celle qui correspond à l'affectation à laquelle elles appartiennent; nous classerons dans la deuxième toutes les parcelles qui, au lieu d'être éclaircies, devront à chaque période et jusqu'à ce qu'arrive l'époque de la régénération de l'affectation dont elles font partie, être exploitées en taillis.

Voici ce tableau; il me dispensera de prolonger mes explications.

TABLEAU DES EXPLOITATIONS PRINCIPALES,

PAR PÉRIODE, PENDANT LA PREMIÈRE RÉVOLUTION, LA RÉVOLUTION ÉTANT DÉFINITIVE ET LA MARCHE DES COUPES PROVISOIRE.

| DÉSIGNATION des | | Contenance des parcelles. | EXPOSITION. | NATURE DU SOL. | ESSENCES. | ÉTAT DU PEUPLEMENT. | AGE du peuplem. | | 1re PÉRIODE. COUPES de régénération | | | 2e PÉRIODE. COUPES de régénération | | | 3e PÉRIODE. COUPES de régénération | | | 4e PÉRIODE. COUPES de régénération | | | 5e PÉRIODE. COUPES de régénération | | | OBSERVATIONS. |
CANTONS.	PARCELLES.						ACTUEL.	d'exploitabilité.	ordinaires.	extraordin. Futaie.	Taillis.	ordinaires.	extraordin. Futaie.	Taillis.	ordinaires.	extraordin. Futaie.	Taillis.	ordinaires.	extraordin. Futaie.	Taillis.	ordinaires.	extraordin. Futaie.	Taillis.	
		hect.							hect.	hect.	hect.	hect.	hect.	hect.	hect.	hect.	hect.	hect.	hect.	hect.	hect.	hect.	hect.	

N. B. Il est bon de porter dans la colonne des coupes ordinaires toutes les parcelles qui appartiennent à l'affectation normale correspondante, sauf à inscrire à l'encre rouge, afin qu'il soit bien compris qu'elles ne figurent que pour mémoire, les parcelles destinées à être régénérées *extraordinairement* avec une autre affectation que celles dont elles sont destinées à faire ultérieurement et définitivement partie.

Ce tableau complète les renseignements dont on pourrait avoir besoin pour régler la marche des exploitations dans l'hypothèse qui nous occupe. Toutefois, j'ai encore à présenter quelques observations sur ce sujet important.

Nos forêts, quels que soient les soins et l'intelligence avec lesquels on les a traitées dans ces derniers temps, comprennent rarement des peuplements parfaitement homogènes; on y trouve presque toujours et presque partout de vieux arbres qu'il convient d'enlever dans un délai plus ou moins rapproché. Suffira-t-il qu'une parcelle renferme de ces vieux arbres pour qu'on la classe dans la colonne des produits extraordinaires?—Non, et voici sur le parti à prendre, sur le moyen de lever les doutes qui pourraient s'élever à cet égard, la règle que je crois bonne à suivre.

Si les vieux arbres en question ne sont pas nécessaires au maintien du massif; s'ils sont dans un état qui constitue une coupe de régénération, une coupe secondaire ou une coupe définitive; s'il est manifeste qu'il faudra les enlever tous dans un certain délai, ne dépassant pas la durée d'une période; on les classera dans les produits *extraordinaires de la futaie*, parce qu'ils pourront être compris dans la possibilité par volume, laquelle, nous l'avons vu, ne peut s'appliquer qu'à ces produits: mais s'ils sont épars, de différents âges, s'ils ne constituent pas un peuplement parfaitement distinct et indépendant des massifs qui l'environnent; si l'on ne peut, en un mot, préciser le délai dans lequel il

est utile de les faire disparaître, on laissera aux coupes
d'amélioration dont je vais parler tout à l'heure, le soin
de les enlever en temps opportun.

Je ferai observer de même, en ce qui concerne les
coupes extraordinaires de taillis, qu'il serait sans utilité
réelle de leur ouvrir une colonne spéciale, si elles ne
devaient former que de rares et insignifiantes exceptions.
Dans ce cas, on les comprendrait parmi les coupes
d'amélioration, sauf à rappeler par une simple remarque, l'attention sur la manière de les exploiter, pour
les conduire jusqu'à la période de régénération.

Il faut enfin se mettre à la place des agents qui
auront à appliquer l'aménagement, de ceux qui auront
à le contrôler, et ne multiplier les colonnes qu'autant
que cela est nécessaire pour l'intelligence du plan
d'exploitation.

§ 2.

Des modifications que le rapport soutenu pourrait faire apporter au tableau
des coupes principales.

Dans quels cas et dans quelle mesure les exigences
du rapport soutenu, doivent-elles faire modifier le
tableau des exploitations par période?

On comprend bien que les affectations ayant été
formées dans l'hypothèse de l'état normal, le rapport
soutenu est compromis dès qu'on est amené à régénérer des parcelles, soit avant, soit après l'époque à
laquelle l'affectation dont elles font partie, arrivera en

tour d'exploitation ; de sorte que, en additionnant dans le tableau provisoire, les contenances affectées à chaque période, on ne trouvera probablement pas toujours le même total.

Doit-on essayer de remédier à cette inégalité par des remaniements, par de nouveaux transferts plus ou moins considérables, et qui ne seraient motivés que par des circonstances temporaires ?

Telle est la question qu'on peut se poser, et sur laquelle je vais donner mon avis.

En principe général, qui souffre peu d'exceptions, le rapport soutenu, dans la formation du tableau provisoire d'exploitation , est une chose dont on ne doit pas se préoccuper ; car on ne le pourrait qu'en portant atteinte d'abord aux principes que nous avons adoptés relativement au cas qu'il convient de faire des circonstances accidentelles qui intéressent ledit rapport, et ensuite à deux résultats également recommandables et qui consistent : le premier, dans l'établissement le plus prompt possible de l'état normal ; le deuxième, dans l'exploitation des massifs à l'âge de leur exploitabilité, résultats que toutes nos combinaisons, jusqu'à ce moment, ont eu pour but d'atteindre et qu'il est grave de sacrifier en même temps.

Voyons, d'ailleurs, quelles sont les périodes pour lesquelles il y aurait peut-être quelque utilité à modifier de nouveau, en vue du rapport soutenu, le plan d'exploitation.

Est-ce pour la dernière ?

Non; car si on a observé les règles que nous avons posées, on y aura classé les vides, les jeunes fourrés et gaulis et les vieux bois, sous condition d'exploiter ces derniers dans la première période; or, quelque grands que soient les vides ou l'étendue occupée par les vieux massifs, si la régénération a lieu immédiatement, la classe d'âge pourra être considérée comme normale, et lorsque l'affectation arrivera, à la fin de la révolution, en tour d'exploitation principale, son rendement le sera également; c'est là tout ce qu'on peut lui demander; lui demander davantage, adopter des combinaisons qui permettraient d'en obtenir plus que la possibilité normale, serait évidemment contraire à tous les principes d'exploitabilité et de bonne économie.

La dernière période est donc désintéressée dans la question, et en vérité, ce ne sont guère que les trois premières, qui pourraient avoir besoin qu'on modifiât leur contingent par un remaniement des coupes extraordinaires. Raisonnons donc sur ces trois périodes.

On peut supposer, soit un déficit, soit un excédant dans la première période par rapport aux deux autres.

Le déficit est peu probable, attendu qu'une des règles à suivre dans la formation du plan provisoire, est de rejeter dans la première période tous les bois exploitables de la dernière et même de l'avant-dernière affectation, et que d'un autre côté, ce qui manque dans nos forêts, ce sont les bois de deuxième et troisième période, plutôt que ceux de première. Dans tous les cas, pour qu'il pût y avoir lieu de reverser une partie des produits des deuxième et troisième périodes dans la première, il faudrait que ces produits dépassassent le chiffre du matériel normal de ces périodes; car autrement, on n'établirait l'égalité des produits entre les premières périodes, que pour la rompre entre les dernières.

Dans l'hypothèse de l'excédant, il arrivera de deux choses l'une : ou bien le contingent des deuxième et troisième périodes sera inférieur à leur matériel normal, ou bien il ne le sera pas. Dans le second cas, l'excédant de la première période constituera une superfétation, une accumulation de réserve qu'on n'aurait pas dû faire, et qu'en bonne économie, on doit dépenser le plus tôt possible. Dans le premier cas, il pourrait certainement être utile de combler une partie du déficit des deuxième et troisième périodes avec l'excédant de la première. Il est certain, par exemple, que si les deuxième et troisième affectations renfermaient de grands vides, il serait permis de désigner certaines parcelles ou portions de parcelles, les plus jeunes dans tous les cas de la première période, pour être exploitées dans la deuxième et la troisième; mais ce sont là des expédients auxquels on ne doit recourir que dans des circonstances graves; car, en définitive, le résultat inévitable de ces transferts est une perte de produits matériels, puisqu'ils prolongent le maintien sur pied, des massifs sur lesquels ils portent, au delà du terme de leur exploitabilité.

§ 3.

Coupes d'amélioration.

L'époque à laquelle doit être faite une coupe d'amélioration, dépend ordinairement de celle à laquelle doit avoir lieu la coupe principale. La place occupée par un massif dans les colonnes du tableau d'exploitation, affectées aux coupes principales ordinaires ou extraordinaires, fera donc connaître dans quelles périodes il convient que le même massif soit amélioré. La parcelle A fait partie de la dernière affectation, mais sur le tableau provisoire, elle figure dans la colonne des produits extraordinaires de la première période, parce qu'elle se compose de massifs exploitables ; on la désignera pour être améliorée dans chacune des autres périodes, sauf la dernière.

Telle est la règle générale, mais il n'y a pas de règle sans exception, et il serait possible qu'une parcelle figurant dans la colonne des produits extraordinaires de la première période, eût besoin cependant d'être éclaircie dans la même période, si elle était composée par exemple de jeunes perchis surmontés de vieux arbres à extraire le plus tôt possible. Dans ce cas, ladite parcelle figurerait dans chacune des colonnes affectées aux coupes d'amélioration, sauf toutefois celle où elle devrait être régénérée.

Des parcelles de la première affectation, qui se composeraient de jeunes bois destinés à n'être régénérés qu'à la deuxième révolution, seraient, par des motifs analogues, inscrites pour être éclaircies dans chaque période.

Enfin, il se pourrait que des parcelles ne figurassent que dans les colonnes affectées aux produits principaux. C'est ce qui aurait lieu si ces parcelles devaient être exploitées en taillis, et qu'on jugeât inutile de les éclaircir avant leur maturité. C'est une affaire d'appréciation.

La figure ci-contre représente le modèle du tableau des exploitations par période, tant principales qu'intermédiaires.

TABLEAU J.

PAR PÉRIODE, PENDANT LA PREMIÈRE RÉVOLUTION, LAAJ

DÉSIGNATION des		CONTENANCE DES PARCELLES.	EXPOSITION.	NATURE DU SOL.	ESSENCES.	ÉTAT DU PEUPLEMENT.	AGE DU PEUPLEMENT.		1re PÉRIODE.		
CANTONS.	PARCELLES.						ACTUEL.	D'EXPLOITABI-LITÉ.	ordinaires.	COUPES de régénération	
										extraordinaires.	
										Futaie	Taillis
		hect.							hect.	hect.	hect

N. E. Voir la note du tableau, page 305.

O..OITATIONS,

TANT DÉFINITIVE ET LA MARCHE DES COUPES PROVISOIRE.

..PÉRIODE.				3ᵉ PÉRIODE.					4ᵉ PÉRIODE.					5ᵉ PÉRIODE.					OBSERVATIONS.
COUPES de régénération		COUPES d'amélioration.		COUPES de régénération				COUPES d'amélioration.	COUPES de régénération				COUPES d'amélioration.	COUPES de régénération				COUPES d'amélioration.	
extraordinaires.				ordinaires.	extraordinaires.				ordinaires.	extraordinaires.				ordinaires	extraordinaires.				
..Taillis	Taillis				Futaie	Taillis				Futaie	Taillis				Futaie	Taillis			
hect.	hect.	hect.	hect.	hect.	hect.	hect.	hect.	hect.	hect.	hect.	hect.	hect.	hect.	hect.	hect.	hect.	hect.		

ARTICLE III.

RÈGLEMENT DES COUPES ANNUELLES.

Ce règlement n'exigerait aucune explication, si toutes les coupes, principales ou autres, à faire dans le cours de la première période, pouvaient être exploitées par vingtième, soit de leur volume, soit de leur contenance.

On calculerait le matériel actuel de toutes les parcelles à exploiter en produits principaux, tant ordinaires qu'extraordinaires, et on y ajouterait leur accroissement pour 10 ans ; on prendrait le vingtième du total et on aurait ainsi la possibilité par volume de la période. On totaliserait ensuite les coupes de taillis, et le vingtième formerait la possibilité par contenance des coupes de taillis. Enfin, on fixerait celle des coupes d'amélioration de la même façon.

Mais les coupes de taillis ne sont pas toujours susceptibles d'être exploitées par vingtième : si elles n'occupent qu'une faible étendue, ou si elles sont composées de bois de même âge, on sera forcé de fixer, pour leur exploitation, une certaine année de la période, en rapport avec leur âge, et de renoncer par conséquent, pour ce qui les concerne, au rapport soutenu. C'est là un petit détail sans importance réelle et qu'on peut résoudre comme on le jugera convenable, soit en confondant le produit desdites coupes dans la possibilité par volume, soit, ce qui vaudrait mieux, en ajoutant leur contenance à celle des coupes d'amélioration, bien qu'à égalité de contenance, leur rendement doive ordinairement être supérieur.

Le modèle de tableau des exploitations, pendant la première période, est donné par la figure ci-contre.

TABLEAU SPÉCIAL DES EXPLOITATIONS,

DANS LE COURS DE LA PREMIÈRE PÉRIODE, LA RÉVOLUTION ÉTANT DÉFINITIVE ET LA MARCHE DES COUPES PROVISOIRE.

DÉSIGNATION des		CON-TENANCE des parcelles.	NOMBRE D'ARBRES par parcelle.	VOLUME PAR PARCELLE		COUPES DE RÉGÉNÉRATION			COUPES D'AMÉLIORA-TION.	OBSERVATIONS
						ORDINAIRES.	EXTRAORDINAIRES.			
CANTONS.	PARCELLES.			actuel.	au moment de l'exploitation		FUTAIE.	TAILLIS.		
		hect.		met. cub.	met. cub.	met. cub.	met. cub.	hect.	hect.	

Totaux. . . . . $\times$ m. c. $\times'$ m. c. $\times''$ m. c. $\times'''$ m. c. $\times''$ hect. $\times'''$ hect.

Possibilité annuelle. . . . . $\dfrac{\times'' \text{ m.c.}}{20} + \dfrac{\times''' \text{ m. c.}}{20} + \dfrac{\times'' \text{ hect.}}{20} + \dfrac{\times''' \text{ hect.}}{20}$

N. B. Voir la note au bas du tableau, page 290.

TROISIÈME SECTION

Du plan d'exploitation dans les futaies, la révolution devant être transitoire et la marche des coupes, provisoire.

ARTICLE PREMIER.

UTILITÉ DE LA FORMATION PRÉALABLE DU TABLEAU DES AFFECTATIONS NORMALES.

Quelle que soit la durée de la révolution adoptée, qu'elle soit définitive ou transitoire, quelles que soient également la nature et la variété des exploitations à faire dans la première révolution ; enfin, quelque grande que puisse être la différence entre la marche des coupes dans cette première révolution et la marche des coupes dans les révolutions ultérieures, je suis convaincu que de toutes les bases que l'on pourrait imaginer afin d'assurer la régularisation de la forêt, la meilleure, la plus efficace et la plus certaine, consiste dans le tableau des affectations périodiques qu'il serait utile de former, si cette forêt était à l'état normal. Je n'admets pas qu'aucune lacune dans l'état actuel du peuplement, puisse dispenser de cette formation qui est destinée à mettre constamment sous les yeux des agents d'exécution, le but auquel ils doivent tendre, et

qui exempte par conséquent de remplir les procès-
verbaux d'aménagement d'une multitude de recommandations dont on ne saisit pas toujours immédiatement la portée, et qui les obscurcissent. Toutes ces
recommandations, qu'on y réfléchisse, et on reconnaîtra que j'ai raison, toutes ces recommandations
peuvent être avantageusement remplacées par la collocation des différentes parcelles dans les affectations
normales des périodes. Cette collocation indiquant
d'une manière précise la classe d'âge dont une parcelle est destinée à faire partie, la fonction qu'elle aura
à remplir dans l'aménagement définitif, indique en
même temps quel est le traitement qu'il faut y appliquer pour la transformer de la manière la plus convenable ; et si l'on admet, ce qui doit être, que les agents
d'exécution connaissent les principes de la culture, il
n'est pas nécessaire de leur dire dans le cahier d'aménagement la manière dont ils auront à faire les bali-
vages, les semis, les plantations, etc., pour atteindre le
but que l'on se propose.

Une dernière réflexion achèvera, je le pense, de
lever toute incertitude sur l'utilité et la possibilité de
cette formation préalable des affectations normales.
C'est qu'après tout, lorsqu'on ne l'a pas établie sur le
terrain et sur le papier, il faut bien cependant l'avoir
dans la tête, lorsqu'on procède à la régularisation d'une
forêt, n'aurait-on à y faire que des éclaircies ; c'est enfin, qu'en réalité, quel que soit l'état d'un massif que
l'on veut aménager, l'aménagement constitue toujours

un travail de transformation qui peut être plus ou moins difficile, plus ou moins compliqué, plus ou moins long ; mais qui ne cesse pas d'avoir le même caractère, de tendre exactement au même but et qui comporte en conséquence la même méthode et la même base. Cette base, c'est le tableau des affectations normales ; cette méthode, c'est la subordination des exploitations, de leur nature, de leur époque, à la place qu'occupent les parcelles dans le tableau. Ce sont là des idées qui sembleront peut-être trop absolues, je le crains. Trop absolues, soit : nous faisons de la théorie, et par conséquent nous tendons à l'absolu. Sont-elles justes ? sont-elles vraies ? sont-elles propres à apporter la lumière et l'unité dans les travaux d'aménagement ? Telle est la question.

A mes yeux, les aménagements, les transformations, les conversions rentrent dans le même genre d'opérations. Toutes ces opérations peuvent différer par quelques expédients, jamais par les moyens fondamentaux, et il me paraît nécessaire qu'on puisse reconnaître, retrouver dans les plans qui les résument, les éléments essentiels que nous avons analysés.

Eh quoi ! dira-t-on, peut-être, vous voulez assujettir l'amélioration d'un massif composé d'arbres de 20 à 40 ans, entremêlés, aux mêmes règlements, au même plan d'opération, qu'une forêt qui contiendrait toutes les classes d'âge nécessaires, pour qu'on pût y entreprendre et y continuer des coupes de régénération ?

Sans aucun doute, je le veux, et je prétends même
que cela est indispensable pour que l'on ne soit pas privé
du seul guide propre à assurer la marche de l'amélioration du massif que l'on vient de prendre pour exemple.
En effet, cette amélioration doit tendre, sous peine de
méconnaître un des buts essentiels de la culture des bois,
à créer dans le massif en question, une gradation d'âge
qui permette d'en retirer un jour le rapport soutenu
le plus avantageux. Mais il s'agit alors de faire un aménagement ou d'en préparer au moins les éléments ;
or, pour cela, il faut évidemment se fixer sur l'âge
d'exploitabilité, sur la durée de la révolution définitive, sur le sens dans lequel il convient que les
classes d'âge se suivent ; car, autrement, on ne saurait
quels sont les sujets qu'il convient de conserver, ceux
qu'il y a lieu d'abattre, etc. Bien que les opérations
possibles actuellement ne soient que des éclaircies, on
s'exposerait à compromettre par la manière de les
effectuer, la formation des classes d'âge.

Admettez, au contraire, que la révolution définitive devant être de 100 ans et les périodes de 20,
on ait partagé le massif en cinq parties d'égale productivité, et indiqué la période dans laquelle il serait désirable que chacune d'elles pût être régénérée, alors les
agents d'exécution sauront, en procédant aux éclaircies, qu'ici il faut ménager les bois de 40 ans, que
là on doit les sacrifier, et, quand arrivera l'époque à
laquelle pourront commencer les coupes de régénération, la forêt sera susceptible d'un rapport annuel.

Le tableau des affectations normales étant arrêté,
examinons comment il convient de dresser le plan
d'exploitation des forêts auxquelles on est obligé d'appliquer une révolution transitoire (1).

On peut être conduit à adopter une révolution transitoire dans deux cas principaux : 1° lorsque l'âge
trop avancé des massifs les plus jeunes ne permet pas
de les laisser sur pied jusqu'à la fin de la révolution
normale ; 2° lorsque l'âge trop peu avancé des massifs
les plus vieux ne permet pas de les exploiter immédiatement.

ARTICLE II.

DU PLAN D'EXPLOITATION, DANS LE CAS OÙ L'AGE TROP AVANCÉ DES
MASSIFS LES PLUS JEUNES, NE PERMET PAS DE LES LAISSER SUR PIED
JUSQU'A LA FIN DE LA RÉVOLUTION NORMALE.

Quand on a partagé la révolution normale en un
certain nombre de périodes, ouvert à chacune d'elles
une colonne spéciale et classé, d'après les exigences de
l'exploitabilité et des règles d'assiette, les différentes
parcelles dont se compose la forêt, il est aisé de reconnaître dans quelle mesure les jeunes bois font défaut, et de déterminer par conséquent le temps dont

---

(1) Nous avons vu que l'âge d'exploitabilité n'était pas susceptible
d'une détermination bien rigoureuse. Pour qu'une révolution puisse
être qualifiée de *transitoire*, il faut donc qu'elle diffère beaucoup de
celle que comporterait la longévité des essences.

il est nécessaire de raccourcir la durée de la révolution définitive pour assurer la continuité des exploitations annuelles. Ce temps dépend des sacrifices que
l'on est disposé à s'imposer sur l'accroissement, et surtout de la longévité des essences. La perte qui résulte
du maintien des bois au delà de l'âge d'exploitabilité,
est bien rarement assez manifeste pour motiver le raccourcissement d'une révolution. La longévité des
essences est d'autre part assez grande, en général,
pour que l'on puisse sans inconvénients, les laisser sur
pied jusqu'au delà du terme fixé par leur exploitabilité, et ce n'est en conséquence que dans des circonstances exceptionnelles que se présentera l'impossibilité de remplir, avec l'excédant des classes d'âge les
plus âgées, les lacunes que pourraient présenter les
classes les plus jeunes. Admettons cependant que les
deux dernières classes fassent défaut; qu'il soit nécessaire de suppléer à l'une d'elles au moyen d'un em-
prunt aux autres classes, afin que les bois qui devront
être immédiatement régénérés, aient le temps de re-
devenir exploitables pour le commencement de la révolution suivante ; mais qu'à raison de la maturité des
bois les moins âgés, il y ait danger à les maintenir sur
pied au delà d'une période. Dans cette hypothèse, la
durée de la révolution transitoire sera plus courte que
celle de la révolution définitive d'un temps égal à la
durée d'une période, et si la révolution normale est de
100 ans, la période de 20, la révolution transitoire
devra être fixée à 80 ans.

Cette fixation de la révolution transitoire est la seule opération embarrassante et délicate dans la formation du plan d'exploitation des forêts non susceptibles d'être soumises à une révolution définitive. Quand elle est arrêtée, on procède à la formation du tableau des affectations provisoires et des tableaux d'exploitation, tant par période que par année, qui sont destinés à compléter le plan d'exploitation, en suivant absolument les mêmes règles que s'il s'agissait d'une forêt normale.

ARTICLE III.

DU PLAN D'EXPLOITATION, DANS LE CAS OU L'AGE TROP PEU AVANCÉ DES MASSIFS LES PLUS VIEUX, NE PERMET PAS DE LES RÉGÉNÉRER IMMÉDIATEMENT.

S'il y a rarement de grands inconvénients à laisser des bois dépasser l'âge normal de leur exploitabilité, si la limite d'âge supérieure jusqu'à laquelle on peut les pousser est difficile à préciser, on perd au contraire beaucoup à les exploiter avant leur maturité, et l'âge minimum qu'on peut adopter pour leur régénération, est fixé par l'époque à laquelle ils produisent des semences fertiles.

Il est évident, par exemple, que si dans une forêt de bois feuillus, les bois les plus âgés n'avaient que 40 ans, il faudrait avant de les exploiter en coupes de régénération, attendre au moins 40 ans, et se borner, pendant ce laps de temps, à les éclaircir. Le plan d'exploitation, dans cette hypothèse, se réduirait à un règlement provisoire, ou mieux, préparatoire facile à établir : les éclaircies devant, par exemple, passer sur le même point tous les 20 ans, on fixerait à 20 ans la durée de la révolution transitoire, et il s'en écoulerait naturellement deux avant le commencement des coupes principales. La forêt, dans son état normal, devant contenir 5 affectations, on partagerait chacune d'elles en 4 coupes, qui seraient successivement éclaircies en 20 années, en commençant par celles de l'affectation destinée à arriver la première en tour de régénération.

A l'expiration de la deuxième révolution, on pourra commencer les coupes de régénération, et la forêt se trouvera placée dans des conditions analogues à celles que nous avons supposées tout à l'heure. La formation de son plan d'exploitation, à cette époque-là, ne réclame donc aucune explication nouvelle.

Si on a bien compris les exemples qui précèdent, on ne devra éprouver aucun embarras pour la formation du plan d'exploitation des forêts irrégulières, quelles que soient les circonstances particulières qu'elles présenteront. Les cadres que j'ai proposés, se prêtent, je crois, à toutes les combinaisons, et, si on veut en faire l'essai, on verra que tous les cas de conversion ou de transformation en futaies régulières pourraient facilement y rentrer.

Ces cadres me paraissent surtout recommandables, parce qu'ils dispensent d'énoncer les règles de culture propres à assurer le succès de l'aménagement. Maintenant, qu'on y ajoute, si l'on veut, à propos de ces règles, quelques notes complémentaires et explicatives, je ne m'y oppose pas; abondance de bien ne saurait nuire; mais on peut s'en passer, si l'on a affaire à des agents intelligents, instruits et observateurs. Dans le cas contraire, soyez sûrs que vos aménagements, de quelque façon que vous les exposiez, ne seront jamais exécutés.

QUATRIÈME ÉTUDE

QUATRIÈME ÉTUDE

DES SÉRIES, DES AMÉLIORATIONS

CHAPITRE PREMIER.

Des Séries.

La science de l'aménagement serait une science difficile à comprendre, si l'on voulait approfondir dans tous leurs détails, au fur et à mesure qu'elles se présentent, les différentes questions dont elle réclame l'examen.

Je me suis appliqué, dans ces études, à dégager les principes fondamentaux, des objets secondaires qui auraient pu en compliquer la démonstration, et en rendre l'intelligence laborieuse. J'ai réduit ces principes à leur plus simple expression, dans la pensée que c'était le meilleur moyen pour faire saisir au lecteur les rapports qui les lient. Mon but était surtout de mettre en relief l'enchaînement logique des opérations que j'avais à exposer ; de montrer comment elles se commandent successivement l'une l'autre ; et je crois que si j'avais atteint ce but, j'aurais répondu à tout ce que l'on peut exiger d'un travail qui est plutôt un programme qu'un traité sur la matière.

Ces observations préliminaires expliquent pourquoi j'ai fait imprimer l'étude sur les séries après les autres.

C'est que la formation des séries, malgré son importance dans la pratique, est au point de vue de la théorie, un de ces objets secondaires, qu'il n'est pas indispensable de connaître pour comprendre le mécanisme de l'aménagement.

On entend par *série* une partie de forêt considérée comme un tout séparé, indépendant, destiné à être soumis à un plan spécial d'exploitation, et à fournir par conséquent des produits annuels.

La division d'une forêt en séries est une opération presque toujours désirable, quelquefois nécessaire ; mais qui, dans certains cas, peut présenter des inconvénients.

ARTICLE PREMIER.

CIRCONSTANCES QUI SONT CONTRAIRES A LA DIVISION D'UNE FORÊT
EN SÉRIES.

§ 1ᵉʳ.

Impossibilité de former des séries compactes, indépendantes l'une de
l'autre.

La division d'une forêt en séries présenterait des inconvénients, si les diverses classes d'âge de cette forêt étaient distribuées de façon qu'on ne pût, sans déroger aux règles, aux principes qui doivent présider à la formation des affectations, y constituer des séries compactes, faciles à distinguer les unes des autres.

Supposons, par exemple, une forêt composée de la manière suivante :

La classe des bois exploitables comprend cinq parcelles a, b, c, d, e, dont les trois premières a, b, c, contiguës, et situées à l'extrémité nord de la forêt, sont séparées des deux dernières d, e, également contiguës, et situées à l'extrémité sud, par des parcelles appartenant à d'autres classes d'âge.

Si l'on voulait établir deux séries dans cette forêt, il faudrait, dans le cas où les deux parcelles d et e ne seraient pas assez grandes pour compléter la première affectation de l'une de ces séries, y ajouter une partie des parcelles *a*, *b*, *c*. Chaque série ne formerait pas une masse compacte. On serait exposé à confondre les exploitations de l'une avec celles de l'autre; la régularité des opérations et l'efficacité de la surveillance seraient compromises; et ce, sans aucune compensation.

§ 2.

Étendue trop petite de la forêt.

La division d'une forêt en séries présenterait des inconvénients, si l'étendue de cette forêt n'était pas assez grande, pour que celle de chaque série comportât une coupe annuelle qui pût se concilier avec l'intérêt de la reproduction, celui de la surveillance et l'économie des exploitations.

Ainsi, pour ce qui concerne la reproduction, il est clair qu'une coupe d'une contenance donnée, soit dans les taillis, soit dans les futaies, aurait moins à souffrir du couvert des arbres voisins, que deux ou plusieurs coupes séparées, contenant ensemble le même nombre d'hectares; puisque ce couvert s'étendrait sur une surface relativement moins grande dans la première que dans les autres.

Quant à la surveillance, la multiplicité des exploitations en augmente naturellement les difficultés.

Enfin, au point de vue économique, si la mise en vente de coupes trop considérables, a l'inconvénient de restreindre le nombre des adjudicataires qui peuvent y prétendre, il est, d'un autre côté, à remarquer que l'exploitation d'une coupe donne lieu à des frais généraux, indépendants de la quantité de bois à abattre, et qu'il importe beaucoup, tant dans l'intérêt du trésor que dans celui des adjudicataires, de ne pas multiplier ces frais sans nécessité.

§ 3.

Exigences de l'assiette et de la vidange des coupes.

La division d'une forêt en séries présente des inconvénients lorsqu'elle est inconciliable avec l'application des règles sur l'assiette et la vidange des coupes.

Si on ne pouvait, par exemple, d'après la position respective des classes d'âge, composer deux séries qu'en les superposant sur une rampe escarpée, qui ne permettrait pas d'établir des moyens spéciaux de vidange pour la série supérieure, on manquerait évidemment de l'une des conditions nécessaires pour une utile distribution en séries.

ARTICLE II.

CIRCONSTANCES QUI RENDENT AVANTAGEUSE OU NÉCESSAIRE LA DIVISION D'UNE FORÊT EN SÉRIES.

§ 1er.

Diversité des modes d'exploitation.

Le mode d'exploitation adopté pour certaines parcelles de la forêt à aménager, peut ne pas être applicable à d'autres ; or, de même qu'il n'est pas absolument défendu de comprendre dans une seule série d'exploitation, des parcelles exploitables à des âges différents ; de même il est permis, à la rigueur, d'y comprendre des parcelles dont les modes de traitement ne seraient pas semblables, lorsque ces modes sont d'ailleurs réguliers ; mais il est évident qu'on ne doit s'y résoudre qu'en cas de nécessité bien démontrée ; car la diversité des modes d'exploitation est difficilement conciliable avec les règles sur l'assiette des coupes et l'établissement du rapport soutenu.

Lorsque des différences dans les modes de traitement des parcelles qui composent une forêt, sont inévitables, il est donc désirable qu'on puisse obvier aux inconvénients de tous genres qu'elles seraient susceptibles d'entraîner, au moyen de la constitution d'autant de séries qu'il y a de modes particuliers.

La division d'une forêt en séries devient absolument nécessaire, quand cette forêt renferme des bois exploitables, les uns en futaie régulière, les autres en futaie jardinée. On ne conçoit, en effet, aucun moyen de concilier les exigences de l'aménagement avec celles qui sont inhérentes à la dernière de ces méthodes.

§ 2.

Diversité des âges d'exploitabilité.

Des considérations analogues à celles que je viens d'exposer, à propos du mode d'exploitation, sont applicables à une forêt composée de parcelles dont l'exploitabilité ne serait pas la même.

§ 3.

Morcellement des classes d'âge.

Lorsqu'une forêt est très-vaste d'une part, et que de l'autre, les parcelles comprises dans une même classe d'âge, n'y sont pas toutes attenantes les unes aux autres, on pourrait se trouver dans l'obligation de scinder une ou plusieurs affectations, afin d'éviter de couper des bois à un âge trop éloigné de celui de leur exploitabi-

22

lité, si l'on n'avait pas recours à la division de la forêt en séries.

Dans la forêt **F**, la classe des bois de **1** à **20** ans comprend des massifs situés, les uns à l'extrémité nord-est de la forêt, les autres à l'extrémité sud-ouest. Si l'on ne voulait établir qu'une série d'exploitation dans cette forêt, la dernière affectation se composerait de deux parties fort éloignées l'une de l'autre. Or, quoi-qu'un morcellement de ce genre soit quelquefois ad-missible, il ne l'est cependant jamais sans inconvé-nients, et il est bon de l'éviter autant que possible. Au cas particulier, le partage de la forêt en deux séries distinctes y remédierait probablement.

Les séries donnent donc les moyens de masser les affectations, et rendent par conséquent plus facile l'ap-plication des règles sur l'assiette des coupes.

§ 4.

Exigences du rapport soutenu.

Une autre difficulté, et des plus graves, dans la for-mation du plan d'exploitation, que les séries permettent de surmonter, c'est celle qui résulte pour l'établisse-ment du rapport soutenu, des différences qu'on ren-contre dans les conditions de la végétation.

Nous savons que pour assurer le rapport soutenu lorsque ces différences tendent à le compromettre, on a imaginé de rendre les contenances des affectations inversement proportionnelles à leur puissance productive ; mais nous savons aussi que cette opération est fort embarrassante et fort incertaine, à cause de l'insuffisance des données nécessaires pour la fixation des coefficients de production.

Il est donc très-désirable que l'on puisse se dispenser de recourir à ces contenances proportionnelles et à ces coefficients. Or, les séries sont de nature à leur enlever tout objet et par conséquent toute utilité. Que l'on admette la possibilité de former autant de séries qu'il y aurait de différences dans les conditions de végétation relatives au sol, à l'exposition, aux essences, etc., etc., et le produit de chaque affectation devenant directement proportionnel à la contenance, le rapport soutenu sera assuré par l'égalité des contenances.

C'est surtout à ce point de vue que la division d'une forêt en séries est recommandable.

En effet, où sont les chances d'erreur dans la détermination des coefficients de production ?

Elles ne sont pas dans le jugement que l'on porte sur les différences qui existent dans les conditions de la végétation ; elles sont dans l'appréciation, dans la mesure des effets que ces différences sont susceptibles de produire ; or, pour le partage de la forêt en séries, cette appréciation, cette mesure exacte est sans utilité ; on forme par exemple une série avec les peuplements exposés au sud, une autre série avec les peuplements exposés au nord, parce qu'il est incontestable que l'exposition exerce une grande influence sur la végétation et en conséquence sur la production, et cela suffit. Il n'est pas nécessaire d'ailleurs de préciser cette influence, d'en calculer le résultat matériel.

§ 5.

Application, contrôle et rectification de l'aménagement.

Les erreurs d'assiette sont plus à craindre et plus graves dans une grande affectation que dans une petite. Les outre-passes de possibilité sont plus faciles à constater pour la seconde que pour la première. On pourrait marcher plusieurs années dans une affectation de 1000 hectares par exemple, sans soupçonner qu'on y prend plus de bois que n'en comporte la possibilité réelle, tandis que si l'affectation n'a qu'une soixantaine d'hectares et que les coupes y soient exagérées, un œil tant soit peu exercé ne tardera pas à le reconnaître.

La rectification de l'aménagement est enfin plus prompte dans une forêt, lorsqu'elle contient plusieurs séries que lorsqu'elle n'en contient qu'une ; car il se peut, dans le premier cas, que cette rectification n'affecte qu'une série, et n'entraîne par conséquent le remaniement de l'aménagement que pour une portion de la forêt ; tandis que dans le second, c'est pour la forêt tout entière que l'aménagement est à remanier. Il en est des séries comme des arches d'un pont : un vice de construction, lorsqu'il y a plusieurs arches, peut n'occasionner la reconstruction que d'une partie du pont, tandis que lorsqu'il n'y en a qu'une, on est souvent forcé de refaire le pont en entier.

On voit, par ces exemples, que la division d'une forêt en séries est propre à assurer l'application, le contrôle de l'aménagement, et à en simplifier la rectification.

Nous n'avons envisagé jusqu'ici que les circonstances qui concernent ou les conditions de la végétation, ou l'ordre intérieur de la forêt; mais il peut s'en présenter d'autres parmi lesquelles il y en a quelques-unes qui méritent d'être signalées.

§ 6.

Diminution des frais de transport des bois.

Le transport des produits pourrait être singulièrement contrarié par la constitution de la forêt en une seule série. Ainsi, supposons que l'on ait à aménager une forêt comme celle de Fontainebleau, dont la contenance est de 16 à 17,000 hectares, ce qui implique que pour la traverser, il faut parcourir, en moyenne, 12,000 mètres, il ne sera certainement pas indifférent d'avoir une seule série d'exploitation, ou d'en avoir plusieurs; car, dans un cas, les produits principaux ne seront offerts à la consommation que sur un seul point, tandis que dans l'autre, ils le seront sur plusieurs.

J'admets que ces produits se partagent par portions égales entre les populations environnantes, la distance moyenne à parcourir pour qu'ils arrivent au consommateur, devra se compter, si l'on n'a qu'une série, à partir du point central de la forêt, et s'il y en a plusieurs, à partir du point central de chaque série, c'est-à-dire d'un point plus rapproché du consommateur, de toute la distance existant entre le centre de la forêt et le centre de chaque série.

La division d'une forêt en plusieurs séries permet donc de réaliser une économie sur les frais de transport des produits.

§ 7.

Égalisation du prix de revient des bois aux lieux de consommation.

La division d'une forêt en séries a en outre, pour effet, avantage non moins appréciable que le précédent, de rendre, en multipliant les centres de production, et en les rapprochant des lieux de consommation, le prix du bois moins variable.

§ 8.

Besoins de la consommation en bois de diverses espèces.

La formation des séries permet encore d'éviter des intermittences dans la production des bois de diverses espèces.

Lorsque l'industrie réclame des bois d'une nature particulière, il vaut infiniment mieux les lui donner chaque année, par petites portions, que périodiquement, à de longs intervalles, par grandes quantités. Qu'elle ait besoin par exemple de bois propres à la fabrication des sabots, si l'on n'avait pas soin de former une série d'exploitation avec les essences propres à cet usage, il pourrait s'écouler plusieurs années sans qu'on eût occasion d'en exploiter, et le volume considérable qu'on en couperait, de temps en temps, ne réparerait pas le préjudice causé par les années de privation, tant aux ouvriers qu'aux consommateurs.

§ 9.

Droits d'usage.

La division d'une forêt en séries devient enfin une nécessité lorsque des droits d'usage portent sur une portion déterminée de cette forêt ou réclament des produits spéciaux, et cette nécessité est assez évidente par elle-même pour que je puisse me dispenser de la justifier.

ARTICLE III.

§ 10.

Tableau des séries.

La série intervient en définitive comme agent simplificateur dans les travaux d'aménagement, et le partage d'une forêt en séries est une opération fondamentale dont dépend en grande partie le succès de ces travaux ; aussi, ne saurait-on y procéder avec trop de maturité.

Lorsque les séries sont arrêtées, on en fixe les limites sur le terrain et sur le plan , et on en dresse le
tableau conformément au modèle ci-joint.

TABLEAU DES SÉRIES.

DÉSIGNATION des SÉRIES.	CANTONS ET PARCELLES compris DANS CHAQUE SÉRIE.		CONTENANCE des PARCELLES.	CONTENANCE des SÉRIES.	OBSERVATIONS.
	CANTONS.	PARCELLES.			

CHAPITRE SECOND.

Des Améliorations.

ARTICLE PREMIER.

OBSERVATIONS PRÉLIMINAIRES.

Toutes les réformes que comporte l'aménagement d'une forêt, ont pour but l'amélioration de cette forêt, et en conséquence, la formation du plan d'exploitation lui-même devrait rigoureusement et logiquement être rangée parmi les améliorations et être traitée dans la même étude. L'aménagement ne comprendrait alors que deux parties principales : l'une pour la statistique, l'autre pour les améliorations. J'ai cru devoir cependant consacrer une étude spéciale au plan d'exploitation, parce que cet objet était susceptible de longs développements et qu'en outre, il se distingue des autres améliorations, en ce sens qu'il tend surtout à modifier, non pas les choses elles-mêmes, mais la manière de les utiliser ; tandis que les améliorations proprement dites portent principalement, et souvent exclusivement, sur les choses et sur les modifications qu'il serait utile d'y apporter.

En parcourant successivement tous les articles de la statistique, on reconnaîtra facilement quels sont les points sur lesquels des améliorations seraient opportunes.

S'il résultait par exemple du cahier descriptif de la statistique, que les limites sont en mauvais état, on proposerait de les réparer, et on ferait connaître la dépense que ce travail nécessiterait.

S'il était constaté que le gibier fait beaucoup de tort à la forêt ou aux cultures environnantes, on indiquerait les mesures à prendre pour y remédier.

Si le débit des bois exigeait l'établissement de nouvelles scieries, la réparation des anciennes, on dresserait le devis de ces travaux.

Je ne saurais prévoir ici toutes les imperfections, toutes les lacunes qui pourraient exister dans une forêt, et qui devraient faire l'objet de propositions spéciales tendant à les réparer. Je me bornerai à donner quelques courtes explications sur les travaux dont l'utilité est la plus grande et l'opportunité la plus fréquente. Ces travaux sont relatifs au sol, au peuplement, aux moyens de vidange, à la conservation et à l'entretien de la forêt.

ARTICLE II.

Dans l'agriculture proprement dite, on améliore le
sol par divers moyens et principalement par les amendements et les engrais artificiels. En sylviculture, les
amendements et les engrais doivent être le résultat de
la culture elle-même; c'est l'humus qui les constitue.
Les expériences très-peu nombreuses d'ailleurs, qui
ont été exécutées pour démontrer les avantages de l'introduction dans les forêts, de substances minérales
particulières, ne paraissent concluantes ni au point
de vue cultural ni au point de vue économique (1).
On a essayé aussi de constater le bon effet des irrigations sur les bois, et on a obtenu de magnifiques résultats comme rapidité d'accroissement; mais on ne
connaît pas l'influence de ces irrigations sur la qualité des arbres, et on n'a pas non plus établi la balance entre le profit et les frais de ce moyen artificiel
d'amélioration qui, dans tous les cas, ne saurait être
praticable que très-exceptionnellement.

____

(1) Il faudrait les multiplier. M. Chevandier a publié sur ce sujet,
sur l'effet des irrigations, et d'autres points importants d'économie forestière, des mémoires intéressants que mes lecteurs connaissent sans
doute.

Je pense donc qu'en ce qui concerne le sol, l'amélioration la plus recommandable est en définitive l'assainissement. Tout le monde sait que dans les terrains trop humides, les arbres sont d'une qualité très-inférieure, que les graines pourrissent et qu'en conséquence le repeuplement naturel ne se fait pas.

Dans les propositions qu'ils auront à présenter à ce sujet, les agents aménagistes indiqueront les cantons ou parcelles où des fossés d'assainissement seraient nécessaires, les dimensions et la direction qu'il conviendrait de donner à ces fossés, et enfin les dépenses approximatives qu'entraînerait leur exécution.

ARTICLE III.

AMÉLIORATIONS RELATIVES AU PEUPLEMENT,

Les agents chargés de l'aménagement sortent de leurs attributions lorsqu'ils s'avisent de donner des instructions sur la manière de procéder aux semis et aux plantations. Leur tâche se borne à indiquer les parcelles et les époques où les repeuplements artificiels doivent être effectués et les frais auxquels ils donneront lieu.

Il semblerait naturel, au premier abord, de prescrire le repeuplement immédiat des vides existants dans la forêt. Toutefois, une semblable prescription pourrait entraîner de graves inconvénients, d'abord à cause des dépenses qu'elle occasionnerait, et ensuite à cause des conditions défavorables dans lesquelles serait fait le re-

peuplement des vides compris dans les affectations intermédiaires.

C'est donc seulement dans les affectations des périodes extrêmes qu'il est toujours opportun d'effectuer
immédiatement le reboisement des vides. Pour la première affectation, cette opportunité est évidente. Pour
la dernière, elle n'est pas moins sensible, puisque cette
affectation ne contient que de jeunes peuplements avec
lesquels ceux qu'on aura créés ne tarderont pas à s'har-
monier.

Quant aux affectations des périodes intermédiaires,
le reboisement des vides qu'elles renferment est loin
d'être aussi urgent, et souvent même il peut être impraticable immédiatement à cause du couvert des arbres voisins. Cependant s'il y existait de grands espaces
dénudés, il conviendrait de chercher à les utiliser en
y implantant des essences susceptibles d'être exploitées à l'époque où l'affectation dont elles feraient partie
arriverait en tour d'exploitation.

Les aménagistes pèseront ces considérations et feront
connaître en conséquence, par rang d'urgence, la situation, l'étendue et les frais probables des repeuplements artificiels à faire dans le cours de la première
période.

Mais s'il est nécessaire de créer des peuplements artificiels dans une forêt, il est également nécessaire d'y
créer des pépinières, à moins que les années de semence n'y soient fréquentes et les semis faciles, ce qui
est exceptionnel pour les bois durs.

Les aménagistes auront donc à désigner les endroits où ces pépinières devront être établies, la contenance qu'on leur donnera et les frais qu'elles occasionneront.

ARTICLE IV.

AMÉLIORATIONS RELATIVES AUX VOIES DE VIDANGE.

La tendance de l'homme sur cette terre est d'agrandir incessamment son empire sur la matière. Un économiste a dit avec raison que l'industrie c'était le développement de l'homme, l'émission de sa pensée. En effet, un produit industriel quelconque n'est pas autre chose que l'expression matérielle, la matérialisation, qu'on nous pardonne ce néologisme, de cette pensée.

Mais pour approprier ainsi les choses à ses besoins, il faut ou aller à elles, ou les faire venir à soi. Le premier cas se présente dans l'enfance des sociétés. L'homme va planter sa tente sur les points qui lui offrent le plus de ressources. Ces ressources épuisées, il va se fixer sur un autre point. Tant qu'il est condamné à cette vie errante, il progresse peu. Les Arabes nomades en fournissent la preuve; mais dès qu'au moyen des voies de transport il est parvenu à déplacer les choses, son développement marche rapidement, et le beau idéal serait réalisé si, par des procédés quelconques, il pouvait grouper autour de son habitation tous les matériaux propres à satisfaire ses besoins, ses goûts, ses désirs. Malheureusement, il est bien éloigné de ce beau idéal, surtout pour ce qui concerne les bois. Non-seulement nous avons encore en France des forêts que l'on ne peut pas exploiter, mais dans celles que l'on exploite, l'absence ou l'imperfection des voies de vidange oblige de carboniser ou de façonner sur place une grande partie des produits, afin de réduire autant que possible leur volume et leur poids. Or, la carbonisation est une manière encore barbare d'utiliser le combustible ligneux, et le façonnage en forêt fait courir au fabricant le risque de ne pas donner au bois la forme qui conviendrait le mieux au consommateur.

Sur les chemins vicinaux ou d'exploitation, les frais de traction par voiture peuvent être évalués, en moyenne, à 7 fr. 50 c. par mètre cube de bois, pour une distance de 20 kilomètres. Il en résulte que si le mètre cube est estimé dans la coupe 40 fr. pour le bois de service et 10 fr. pour le bois de chauffage (à raison de 2 stères de 5 fr. chacun par mètre cube), le montant des frais dont il s'agit est à la valeur du mètre cube de bois de service dans la proportion de 18 pour 100, et à celle du mètre cube de bois de chauffage dans la proportion de 75 pour 100.

Dans certaines forêts de l'Isère, le stère de bois qui, à raison des difficultés des transports, vaut sur pied 1 fr. seulement, se vend à Grenoble au prix de 15 fr. Dans les forêts de Coumefroide et de Piccaussel (Aude), le stère qui vaut 0 fr. 50 c. sur pied, se vend 22 fr. aux ports de Quillan et de Belestat.

Ces faits, que j'emprunte au rapport sur le reboisement des montagnes, adressé le **17** mai **1845** au ministre des finances par M. Legrand, directeur général des forêts, montrent assez le mauvais état dans lequel se trouvent nos voies de vidange. Au surplus, ne sait-on pas que la plus grande partie des bois de construction que nous recevons de l'étranger, et nous en recevons chaque année pour plus de 60 millions, se consomme dans le Doubs, le Jura, le Haut et le Bas-Rhin, c'est-à-dire dans nos départements les plus boisés.

On estime que les frais de transport entrent en moyenne pour moitié dans le prix du bois rendu au centre de consommation, et comme on a calculé, d'autre part, que ce prix s'élevait, par année, à la somme de 500 millions, il en résulte que le transport des bois, dans notre pays, occasionne une dépense annuelle de 250 millions. On voit par là combien la société est intéressée à l'amélioration des moyens d'exportation des produits forestiers. Quand on a élevé une statue à Jean Rouvet, l'inventeur du flottage sur la Cure (Yonne, 1549), on a reconnu et récompensé un des plus grands services qu'un citoyen pût rendre à son pays.

En définitive, les voies de transport font évidemment défaut aux bois, et pourtant ils en ont un plus grand besoin que les autres produits ; d'abord, parce qu'ils sont plus éloignés des populations ; ensuite, parce que les forêts ne sont pas susceptibles de se grouper comme les cultures arables autour des habitations. Et s'il est vrai qu'à raison du morcellement des héritages, une grande partie des productions de la terre est consommée par les cultivateurs eux-mêmes, il n'en est pas de même pour les bois, dont la moindre part au contraire reste au propriétaire ou au régisseur.

De toutes les voies qui peuvent servir au transport des bois, celle qu'il conviendrait surtout d'améliorer, c'est le cours d'eau. Un cheval traîne péniblement 1000 kilogrammes sur une bonne route. D'après M. Michel Chevalier, un homme en tire aisément 150,000 sur un canal. Cet exemple suffit pour prouver l'immense utilité qu'aurait l'appropriation de nos cours d'eau au transport des bois et les regrets que doit inspirer notre négligence à cet égard.

La France ne possède que 11,000 kilomètres de cours d'eau navigables, et sur les canaux, le transport des bois est entravé par l'étroitesse des biefs d'une part et l'énormité des tarifs de l'autre. Quant aux cours d'eau flottables, qui pour la vidange sont d'une si grande ressource, c'est à peine si on en compte 3000 kilomètres. Cette situation est assurément bien misérable, et, avouons-le, inexcusable, dans un pays qui, sous le rapport hydrographique, a été si admirablement doté.

Le perfectionnement des moyens de vidange est donc une des améliorations auxquelles les agents chargés de faire l'aménagement d'une forêt, doivent accorder le plus d'attention.

Après avoir exposé l'insuffisance de ces moyens, ils indiqueront toutes les mesures qu'il y aurait à prendre pour y remédier.

Ces mesures consisteront pour les routes et chemins : 1° dans la rectification ou la réparation des voies existantes; 2° dans la création de voies nouvelles, s'il y a lieu.

Dans l'un comme dans l'autre cas, il faudra rédiger un avant-projet des travaux à faire; fixer la direction et les principaux points de passage des voies nouvelles; indiquer la largeur et la pente qu'il conviendra de leur donner; justifier leur utilité et pour cela montrer qu'elles seront susceptibles de satisfaire à toutes les exigences de la vidange; établir leur degré d'urgence, d'après la marche des exploitations; dresser enfin un devis approximatif de la dépense que les travaux nécessiteront.

En ajoutant l'intérêt du capital employé à l'exécution de ces travaux, aux frais annuels que leur entretien réclamera, et en retranchant cette somme de celle représentant l'économie que les travaux permettront de réaliser sur le coût du transport, on aura la mesure exacte des avantages que l'État en retirera.

Je dis l'État, car s'il s'agissait d'un autre propriétaire, le bénéfice que les chemins seraient susceptibles de lui rapporter, ne se calculerait pas de la même façon. Ce qu'un particulier poursuit en effet exclusivement quand il ouvre un chemin pour la vidange de ses coupes, c'est l'augmentation du prix de ses bois sur place. Il spécule donc sur cette considération qu'à raison de la diminution des frais d'extraction, les adjudicataires lui donneront un prix plus élevé de sa chose ; mais la diminution des frais de transport, qui est le résultat nécessaire de la création d'un chemin, ne tourne pas toujours seulement au bénéfice du propriétaire ; il y en a une part plus ou moins grande dont profite le consommateur, quand elle a pour effet de rendre le bois moins cher ; or, cette part qui ne constitue pas un avantage pour le particulier, en constitue au contraire un pour l'État ; car son intérêt ne se sépare pas de celui du consommateur.

Si l'on a le choix entre plusieurs voies et qu'on veuille comparer leurs avantages respectifs, on se rappellera que le prix de l'usage d'une voie dépend de trois éléments : 1° les frais de construction de la voie ; 2° les frais d'entretien ; 3° les frais de traction ou le prix de la force motrice.

L'effort pour tirer 1000 kilos est de 18 kilos 50 sur une bonne route, tandis que sur un chemin de fer il est de 5 kilos 34 seulement ; mais la construction d'une bonne route coûte à peine 20,000 fr. par kilomètre, tandis qu'un chemin de fer coûte 4 à 500,000 fr. pour la même distance.

ARTICLE V.

AMÉLIORATIONS RELATIVES A LA SURVEILLANCE ET A L'ENTRETIEN.

Surveillance. Le service des forêts relatif à la surveillance laisse en général beaucoup à désirer, moins peut-être à cause de l'insuffisance du personnel, que par suite de la mauvaise organisation des triages. Dans certaines localités ils sont trop étendus; dans d'autres ils ne le sont pas assez. Dans les forêts domaniales, la contenance de chaque triage est en moyenne de 500 hectares. C'est une règle qui paraît adoptée par l'administration et qu'on applique sans tenir assez de compte, peut-être, des difficultés plus ou moins grandes de la surveillance. Il est cependant évident que les bois situés sur la rive d'une forêt sont plus exposés aux délits et plus difficiles à garder, que ceux situés au centre et dont on ne peut par conséquent sortir qu'en traversant les autres.

L'étude de l'organisation des triages rentre en conséquence dans les attributions des aménagistes. Ils proposeront aussi, s'il y a lieu, une augmentation du personnel, désigneront l'emplacement le plus convenable pour les maisons forestières qu'il pourrait être nécessaire de construire, les grosses réparations que réclameraient celles existantes, et feront connaître le chiffre approximatif de la dépense.

Entretien. Il ne suffit pas de construire des routes, il faut les entretenir, sous peine de perdre tous les fruits d'une dépense considérable. Il résulte des expériences faites par M. Morin, directeur du Conservatoire des arts et métiers, que si on représente par 1 la résistance présentée à une charrette par une bonne route empierrée, cette résistance devient égale à 4,35 pour une route empierrée, mais très-dégradée. M. Séguret a prouvé d'un autre côté dans les *Annales forestières*, que sur un bon chemin, le bois de chauffage peut parcourir en moyenne 32 lieues, sans que sa valeur soit absorbée par les frais de transport, tandis que sur un mauvais chemin, il ne peut pas en parcourir plus de 5.

Le meilleur moyen, le plus efficace et le moins coûteux, de tenir les chemins en bon état, c'est de réparer immédiatement les moindres dégradations qui s'y produisent. Pour cela, il faut des cantonniers. On en indiquera le nombre et on fera connaître aussi les frais qu'ils occasionneront.

Les routes et chemins ne sont pas les seules choses qui demandent à être entretenues avec soin. Les fossés, les pépinières et les plantations réclament de leur côté des travaux, pour ainsi dire incessants, et il serait certainement fort utile d'avoir pour y procéder, des employés spéciaux. Dans tous les cas, ces travaux sont susceptibles d'entraîner chaque année des frais dont les aménagistes apprécieront le montant.

ARTICLE VI.

ÉTAT COLLECTIF DES AMÉLIORATIONS.

Après avoir fait de chaque genre d'amélioration
l'objet d'une étude particulière, il convient de former,
de toutes les améliorations, un état collectif qui permette de les embrasser dans leur ensemble et de voir
d'un coup d'œil le chiffre total des dépenses qu'elles
occasionneront; il convient en outre de dresser un
état spécial des améliorations qui devront être termi-
nées dans la première période.

APPENDICE

APPENDICE

CHAPITRE PREMIER

De la rédaction du projet d'aménagement.

Je crois qu'à l'aide des notions générales que j'ai
exposées, les agents qui auront été chargés de l'aménagement d'une forêt, ne seront pas sérieusement embarrassés par la manière de s'y prendre pour accomplir
leur mission. Toutefois, j'ai pensé qu'il pouvait être
utile de terminer ces études par l'indication des divers
documents que comporte un projet d'aménagement.

Ces documents sont de trois sortes :

Le procès-verbal d'aménagement;

Les plans et devis;

Les pièces justificatives.

Procès-verbal d'aménagement. Il se divise en six parties :

Dans la première, on s'occupe de la statistique et par conséquent de la description spéciale ;

Dans la deuxième, du choix du mode d'exploitation et de la division de la forêt en séries ;

Dans la troisième, de l'âge d'exploitabilité et du plan d'exploitation applicables à chaque série ;

Dans la quatrième, des améliorations (1) ;

Dans la cinquième, de l'exécution de l'aménagement ;

Dans la sixième, de l'examen comparé des produits, tant principaux qu'accessoires, qu'on retire actuellement de la forêt et qu'on en retirera quand elle sera aménagée.

Il est bien certain, d'ailleurs, que le résultat de cette comparaison ne saurait donner qu'une idée incomplète de la supériorité du régime qu'il s'agira d'adopter, puisque, comme j'ai eu souvent l'occasion de le faire observer, tous les produits du sol forestier ne sont pas susceptibles d'être évalués en argent. Il est probable aussi que le revenu, faible au début de l'application de l'aménagement, s'accroîtra par la suite. Ce sont là des considérations sur lesquelles les rédacteurs

---

(1) On met souvent dans la statistique les renseignements relatifs aux améliorations. C'est un tort : ce qui sera doit être séparé de ce qui est, et sa place vient naturellement après le plan d'exploitation.

du projet d'aménagement auront à appeler l'attention.

Plans et devis. Il faut :

Un plan général de la forêt indiquant les principaux mouvements du terrain, les cours d'eau, routes et chemins, les limites des cantons, etc.;

Un plan général et, s'il y a lieu, des plans de détail des parcelles;

Un plan figuratif des limites des séries;

Un plan indiquant, pour chaque série, les limites des affectations;

Un plan indiquant le tracé des routes et chemins projetés, l'emplacement des maisons forestières, scieries, etc., à construire;

Les devis à l'appui de ces divers travaux.

Il est bien entendu que, lorsqu'il ne doit pas en résulter de confusion, deux ou plusieurs des plans que je viens de désigner peuvent être réunis en un seul.

Pièces justificatives. Elles se composent:

Des calculs relatifs au levé périmétral de la forêt;

Des expériences exigées par la recherche des renseignements sur la croissance des bois, leur débit, les facteurs nécessaires pour apprécier leur rendement, tant en volume brut qu'en marchandises;

Des expériences faites pour déterminer l'âge d'exploitabilité;

Des dénombrements et cubages effectués pour établir la possibilité et des tarifs adoptés à cette occasion.

CHAPITRE SECOND

Application et contrôle de l'aménagement.

Personne n'ignore que la plupart des aménagements exécutés à grands frais, il y a une dizaine d'années par des commissions spéciales, n'ont pas procuré tous les avantages qu'il était permis d'en attendre. Mal compris par certains agents qui n'ont pas voulu se donner la peine de les étudier, systématiquement repoussés par d'autres, ces aménagements n'ont pas été bien appliqués. Telle est la cause principale de leur insuccès.

Ainsi :

1° On ne s'est pas toujours conformé, pour l'assiette des coupes, aux prescriptions des plans d'exploitation. Comme j'ai eu déjà occasion de le faire remarquer, les agents locaux se laissant influencer par l'état du peuplement considéré en lui-même, et non dans ses rapports avec les circonstances extérieures, ont souvent porté les coupes principales dans des parcelles qui au-

raient dû seulement être éclaircies et en ont éclairci
d'autres qui auraient dû être régénérées.

2° On ne s'est pas exactement tenu partout dans les
limites de la possibilité ; soit parce qu'on a omis de
tenir compte dans les exploitations annuelles, des arbres
abattus par le vent, la neige, le givre, et vendus sous
forme de menus marchés ; soit parce qu'on a employé
pour l'estimation des coupes, d'autres tarifs et d'autres
unités de mesure que ceux adoptés par les commissions ; soit enfin parce que l'on n'a pas pris le soin
d'établir chaque année une balance des exploitations,
qui permît de fixer la quotité des coupes de l'année suivante, conformément aux exigences de la possibilité
réglementaire.

3° On a négligé, soit par incurie soit par manque
de fonds, d'exécuter les travaux d'amélioration, reboi-
sements, assainissements, routes, etc., etc., prévus par
l'aménagement.

Pour prévenir le retour d'aussi graves irrégularités,
il importe d'abord que l'administration prescrive à ses
agents d'indiquer sur les états d'assiette, les parcelles
dans lesquelles ils se proposent de porter les coupes
principales et de justifier la quotité de ces coupes, d'a-
près le chiffre de la possibilité réglementaire et celui
des coupes de toute nature de l'année précédente ;

Il importe aussi que ces agents soient invités à se
servir pour l'estimation des coupes, des tarifs et des
unités de mesure, adoptés par les commissions ; sauf
à faire une autre estimation spéciale pour la vente ;

Mais il importe surtout qu'ils soient astreints à tenir pour chaque forêt aménagée un sommier de contrôle. Il serait même à désirer qu'il en fût tenu un semblable à l'Administration centrale.

Ce sommier comprendrait deux parties : l'une pour la balance des exploitations, l'autre pour les travaux d'amélioration.

Un chapitre ouvert à chaque catégorie de travaux, en tête duquel seraient consignées les propositions des aménagistes, et sur lequel on annoterait chaque année l'importance et le coût des travaux faits, permettrait de s'assurer d'un coup d'œil si les prescriptions de l'aménagement sont suivies.

Quant à la balance des exploitations, je voudrais qu'indépendamment d'un état général de situation dans lequel on exposerait, en regard de la possibilité réglementaire, la quotité tant estimative qu'effective des exploitations annuelles de toute nature, on ouvrît un compte spécial à chaque parcelle, pour y consigner en regard du nombre et du volume (y compris l'accroissement) des arbres qu'elle contiendrait, le nombre et le volume tant estimatif qu'effectif des arbres exploités chaque année.

FIN.

TABLE DES MATIÈRES

	Pages.
Préface	VII
Introduction	XIX

PREMIÈRE ÉTUDE.

De la Statistique.

CHAPITRE PREMIER. — De la statistique en général, et des études qu'elle comporte au point de vue de l'aménagement.......... 3

CHAP. II. — Renseignements généraux, ... 11
Article premier. Nécessité préalable d'un plan............... 11
Art. ii. État de la forêt considérée dans les éléments qui la constituent ou qu'elle renferme................................. 12
Art. iii. Conservation et entretien........................ 24
Art. iv. Dépenses...................................... 25
Art. v. Exploitation et produits.......................... 26
Art. vi. Débouchés..................................... 28

CHAP. III. — Renseignements spéciaux..................... 31
Article premier. Points à examiner....................... 31
Art. ii. Du parcellaire.................................. 23
Art. iii. Description spéciale............................. 40
Art. iv. Résumé. 43
Art. v. Observations sur les principes ci-dessus développés.... 44
Art. vi. Du nombre et de la forme des pièces relatives au parcellaire et à la description spéciale....................... 47
Plan et description d'une parcelle, etc.................... 49

DEUXIÈME ÉTUDE.

De l'Exploitabilité.

BUT ET DIVISION DE CETTE ÉTUDE.

Pages.

CHAPITRE PREMIER. — De l'exploitabilité, abstraction faite des
exigences de la végétation et de la culture....................   57
ARTICLE PREMIER. De l'exploitabilité relative aux produits matériels
les plus considérables, ou de l'exploitabilité absolue.........   58
§ 1er. Principes généraux sur lesquels repose l'exploitabilité
absolue.   58
§ 2. Des moyens par lesquels on détermine l'âge qui correspond à l'exploitabilité absolue..........................   64
§ 3. Utilité pratique de l'exploitabilité absolue............   69
ART. II. De l'exploitabilité relative aux produits les plus utiles..   71
ART. III. De l'exploitabilité relative au plus grand produit en
argent.   76
ART. IV. De l'exploitabilité relative au rapport le plus élevé entre
le revenu et le capital.....................................   79
§ 1er. Considérations générales sur la valeur et le profit des
capitaux, et spécialement des fonds de bois..............   79
§ 2. De l'exploitabilité relative à la rente la plus élevée, dans
son application à un arbre isolé.........................   87
§ 3. De l'exploitabilité relative à la rente la plus élevée, dans
son application à un massif non aménagé.................   90
§ 4. De l'exploitabilité relative à la rente la plus élevée, dans
son application à un massif aménagé.....................   96
§ 5. Lois auxquelles est soumise l'exploitabilité relative à la
rente la plus élevée......................................   102

CHAP. II. — De l'exploitabilité dans ses rapports avec les exigences
de la végétation et de la culture..............................   117
ARTICLE PREMIER. Choix du mode d'exploitation.................   118
§ 1er. Du taillis simple et de la futaie au point de vue cultural.   119
§ 2. Du taillis simple et de la futaie au point de vue économique.   124
§ 3. Conclusion des deux paragraphes précédents............   126
§ 4. Des réserves dans les taillis..........................   127
ART. II. De l'exploitabilité dans les taillis simples...........   131
ART. III. De l'exploitabilité dans les futaies.................   133
ART. IV. De l'exploitabilité dans les taillis composés..........   139
ART. V. Des mesures à prendre pour assurer la détermination de
l'exploitabilité.   140

Pages.

CHAP. III. — De l'exploitabilité dans ses rapports avec l'intérêt du propriétaire... 143
Article premier. De l'exploitabilité dans ses rapports avec l'intérêt de l'État...................................... 144
Art. ii. De l'exploitabilité dans ses rapports avec l'intérêt des particuliers... 148
Art. iii. De l'exploitabilité dans ses rapports avec l'intérêt des communes... 153

CHAP. IV. — De l'exploitabilité dans ses rapports avec l'intérêt public... 157

TROISIÈME ÉTUDE.

Du Plan d'Exploitation.

CHAPITRE PREMIER. — Principes fondamentaux.............. 167

CHAP. II. — Du plan d'exploitation dans les taillis simples...... 171
Article premier. Du tableau des exploitations et des difficultés que rencontre sa formation................................ 171
Art. ii. Classement des parcelles suivant l'âge d'exploitabilité... 176
Art. iii. Classement des parcelles conformément aux règles d'assiette des coupes... 180
Art. iv. Classement des parcelles conformément aux exigences du rapport annuel soutenu.................................. 192
§ 1er. Conditions nécessaires pour que le rapport annuel soutenu puisse être réalisé.............................. 192
§ 2. Du rapport soutenu dans l'hypothèse d'une révolution définitive et d'une marche des coupes, normale........... 197
§ 3. Du rapport soutenu dans l'hypothèse d'une révolution définitive et d'une marche des coupes, provisoire.......... 210
§ 4. Du rapport soutenu dans l'hypothèse d'une révolution transitoire et d'une marche des coupes, provisoire........ 211
Art. v. Résumé et conclusion................................. 212

CHAP. III. — Du plan d'exploitation dans les futaies traitées par la méthode du réensemencement naturel et des éclaircies périodiques.. 210
Article premier. Des raisons culturales qui s'opposent à ce que l'on adopte, pour le tableau des exploitations des futaies, le même cadre que pour celui des taillis..................... 220
Art. ii. De la division de la révolution en périodes et du partage de la forêt en affectations correspondantes............... 224

PREMIÈRE SECTION.

Pages.

Du plan d'exploitation dans les futaies, la révolution pouvant être définitive et la marche des coupes, normale.

ARTICLE PREMIER. Formation des affectations................. 237

§ 1er. Tableau des affectations....... 237

§ 2. Formation des affectations suivant l'âge d'exploitabilité.. 240

§ 3. Formation des affectations conformément aux règles d'assiette... 243

§ 4. Formation des affectations conformément aux exigences du rapport soutenu............................ 251

ART. II. Règlement des exploitations par période............. 269

ART. III. Règlement des exploitations annuelles............... 273

DEUXIÈME SECTION.

Du plan d'exploitation dans les futaies, la révolution pouvant être définitive et la marche des coupes devant être provisoire.

ARTICLE PREMIER. Formation des affectations................. 296

§ 1er. Utilité de la formation immédiate des affectations normales... 296

§ 2. Des facilités que donne, pour la formation des affectations, l'adoption d'une marche provisoire pour les coupes.. 298

ART. II. Règlement des exploitations par période............. 302

§ 1er. Coupes principales, ou de régénération............... 302

§ 2. Des modifications que le rapport soutenu pourrait faire apporter au tableau des coupes principales............. 307

§ 3. Coupes d'amélioration.............................. 311

ART. III. Règlement des coupes annuelles................... 316

TROISIÈME SECTION.

Du plan d'exploitation dans les futaies, la révolution devant être transitoire et la marche des coupes, provisoire.

ARTICLE PREMIER. Utilité de la formation préalable du tableau des affectations normales. 319

ART. II. Du plan d'exploitation, dans le cas où l'âge trop avancé des massifs les plus jeunes, ne permet pas de les laisser sur pied jusqu'à la fin de la révolution normale............... 323

ART. III. Du plan d'exploitation, dans le cas où l'âge trop peu avancé des massifs les plus vieux, ne permet pas de les régénérer immédiatement............................... 325

QUATRIÈME ÉTUDE.

Des Séries, des Améliorations.

Pages.

CHAPITRE PREMIER. — Des séries............................ 331

Article premier. Circonstances qui sont contraires à la division d'une forêt en séries.............................. 333

§ 1er. Impossibilité de former des séries compactes ou indépendantes l'une de l'autre.......................... 333

§ 2. Étendue trop petite de la forêt...................... 334

§ 3. Exigences de l'assiette et de la vidange des coupes...... 335

Art. ii. Circonstances qui rendent avantageuse ou nécessaire la division d'une forêt en séries........................ 336

§ 1er. Diversité des modes d'exploitation 336

§ 2. Diversité des âges d'exploitabilité.................... 337

§ 3. Morcellement des classes d'âge...................... 337

§ 4. Exigences du rapport soutenu...................... 338

§ 5. Application, contrôle et rectification de l'aménagement.. 340

§ 6. Diminution des frais de transport des bois............ 341

§ 7. Égalisation du prix de revient des bois aux lieux de consommation.. 342

§ 8. Besoins de la consommation en bois de diverses espèces. 342

§ 9. Droits d'usage................................... 343

Art. iii. § 10. Tableau des séries........................ 344

CHAP. II. — Des améliorations........................... 347

Article premier. Observations préliminaires................. 347

Art. ii. Améliorations relatives au sol.................... 349

Art. iii. Améliorations relatives au peuplement.............. 350

Art. iv. Améliorations relatives aux voies de vidange.......... 351

Art. v. Améliorations relatives à la surveillance et à l'entretien. 358

Art. vi. État collectif des améliorations.................... 360

APPENDICE.

Rédaction du projet d'aménagement, application et contrôle.

CHAPITRE PREMIER. — De la rédaction du projet d'aménagement.. 363

CHAP. II. — Application et contrôle de l'aménagement.......... 367

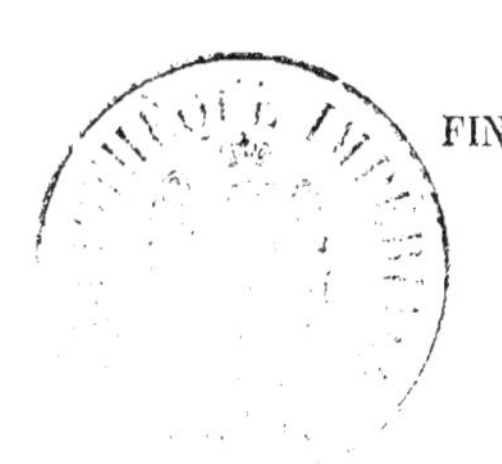

FIN DE LA TABLE.

ERRATA

Page **16**, ligne **24**, au lieu de *compact*, lisez *compacte*.

— **18**, *ad notam*, ligne **8**, au lieu de *trappe*, lisez *trapp*.

— **18**, ligne **17**, au lieu de *et des genêts*, lisez *ni de genêts*.

— **18**, — **27**, — de *Keuper*, lisez *du Keuper*.

— **21**, — **9**, — *la faire apprécier*, lisez *le faire apprécier*.

— **21**, *ad notam*, ligne **1**, au lieu de *Charles Martin*, lisez *Charles Martins*.

— **23**, ligne **21**, supprimez la virgule.

— **24**, — **17**, au lieu de *tirages*, lisez *triages*.

— **38**, — **3**, supprimez la virgule.

— **47**, — **22**, au lieu de *Perseigne (Orne)* lisez *Perseigne (Sarthe)*.

— **50**, — **1**, transportez la virgule après *argileux*.

— **50**, — **7**, au lieu de *médiocre*, lisez *mauvaise*.

— **65**, — **25**, — *et que*, — *et comme*.

— **83**, — **28**, — *son prix vénales*, lisez *son **prix vénal** se*.

— **105**, — **3**, — *aussi*, lisez *ainsi*.

— **112**, — **23**, — $A = \varphi(1+r)^{n-1} + \varphi(1+r),^{n-2} + \ldots =$

Lisez $A = \varphi(1+r)^{n-1} + \varphi(1+r)^{n-2} \ldots + \varphi =$

— **122**, ligne **26**, ajoutez : *Voir la note*, p. **118**.

— **141**, — **13**, au lieu de *prétendre à constater*, lisez *prétendre constater*.

— **146**, — **21**, supprimez : *et de terres arables*.

— **159**, — **18**, au lieu de **19** *millions*, lisez **13** *millions*.

Paris. — Typ. de H. S. Dondey-Dupré, rue Saint-Louis, 46, au Marais.